测井资料沉积学分析与应用

张元福　著

石 油 工 业 出 版 社

内 容 提 要

本书从测井资料解释和处理的沉积学分析角度出发，介绍了测井资料沉积学分析的概念、原理和应用方向，系统阐述了测井在沉积学领域的分析方法和技术，包括测井岩相分析方法和测井沉积相识别技术。梳理了测井层序地层分析技术和流程。在沉积学基本原理的基础上对碎屑岩和碳酸盐岩两大类沉积岩的测井沉积学分析进行了分别阐述。在理论分析的同时，引用了许多实例进行分析。本书把测井层序地层分析纳入其中，完善了测井在沉积学领域的理论体系。

本书适合石油勘探开发工作者及大专院校相关专业师生参考使用。

图书在版编目（CIP）数据

测井资料沉积学分析与应用 / 张元福著 . — 北京 ：石油工业出版社，2021. 10

ISBN 978-7-5183- 4926-5

Ⅰ. ①测… Ⅱ. ①张… Ⅲ. ①测井资料-沉积学-研究 Ⅳ. ①P631. 8

中国版本图书馆 CIP 数据核字（2021）第 206065 号

出版发行：石油工业出版社

（北京安定门外安华里 2 区 1 号　100011）

网　址：www. petropub. com

编辑部：（010）64523736

图书营销中心：（010）64523633

经　　销：全国新华书店

印　　刷：北京晨旭印刷厂

2021 年 10 月第 1 版　2021 年 10 月第 1 次印刷

787×1092 毫米　开本：1/16　印张：8

字数：150 千字

定价：80. 00 元

（如发现印装质量问题，我社图书营销中心负责调换）

前　言

测井资料沉积学分析和地震资料沉积学分析作为新兴的交叉学科，已经成为沉积学领域不可或缺的一部分。在这种形势下，为培养与时俱进的地学人才，必须加强地学专业学生地球物理资料沉积学分析的专业教育。目前，测井沉积学分析领域仍没有独立完备的基础著作，相关的测井地质书籍是测井专业人员从测井学角度编撰而成，地质研究人员在阅读时难以深入理解并直接应用。

本书以地质研究人员的视角，依据沉积学分析主线，系统阐述了测井沉积学分析的原理、方法和具体技术，在理论分析的同时，引用了许多实例加以讲解。同时，加入测井层序地层、测井旋回地层分析等沉积学内容，完善了测井沉积学分析的方法体系。本书是对沉积学和地学应用的有益补充，同时也可作为石油勘探开发及其他领域、地质和地球物理研究工作者与研究生的培训教材或工具书。

本书共六章。第 1 章介绍了测井沉积学分析的概念、原理和发展历程；第 2 章介绍了测井学原理及沉积学分析中常用测井方法的地质响应；第 3 章阐述了测井层序地层分析的原理、方法和应用实例；第 4 章介绍了测井旋回地层学分析的原理、方法及应用实例；第 5 章详细阐述了测井沉积学分析方法，包括测井岩相分析和测井沉积相分析技术；第 6 章对典型沉积环境的测井特征进行了分类阐述。

本书是以国内外诸多学者的研究成果为蓝本组织编写的。中国地质大学（北京）“沉积岩石学”国家级一流本科课程团队部分教师参与了本书的编写工作。在此对参与本书编写的所有人员表示衷心的感谢。

由于水平所限，书中难免存在不足，敬请读者指正。

目　　录

1 绪 论

测井资料沉积学分析是随着沉积学和地球物理技术进步发展起来的交叉学科，是以地球物理测井资料为基础，应用测井原理和测井相分析，对沉积岩和沉积环境进行分析的方法和技术。

沉积学是研究沉积岩物质成分、结构构造、分类和形成作用，以及沉积环境分布规律的一门科学。沉积学研究已发展成为与其他学科（地球物理、地球化学、矿物、古生物、大地构造等）紧密结合的综合性学科。现代沉积学以研究沉积过程为特征，提供了人们认识地质体的大量知识。按照本体论的思想，沉积学研究的目的是为了缩小现代沉积过程和古代沉积岩特性认识和解释之间的距离，重建古代岩石的形成环境及变化规律。

对油气田勘探和开发而言，在钻井数较少及取心不连续等条件下，测井资料显示了较强的优势。随着测井技术和测井地质学理论的发展，测井地质应用的领域也由早期的地层分层和油气水解释不断拓宽，用测井资料进行沉积学研究是测井资料地质应用的一个新领域，它综合利用了丰富的测井信息，在沉积学领域又开创了一个新的方向，丰富了沉积学的研究手段。

测井沉积学研究主要包括沉积环境、岩相解释、沉积构造和古水流分析等。沉积学的发展已经和层序地层学密不可分，所以测井沉积学研究也包括了测井层序地层学研究的部分内容。但由于资料本身的局限性，测井沉积学不可能包括沉积学研究的方方面面，如测井资料不能反应沉积岩的颜色信息、古生物信息等，这些是测井沉积学的天然局限，不在测井沉积学的研究范围之列。传统的测井沉积学研究主要利用自然电位、自然伽马、微电极、感应或侧向、密度、声波等常规测井资料和自然伽马能谱、地球化学、倾角等特殊测井资料。现在，成像测井提供了更丰富的关于岩相的信息，为测井沉积学研究提供了有力的工具。成像测井的图像特点为高分辨率、高采样率、高井周覆盖率，它提供了更精确、更丰富、更直观的测量结果，为测井相的解释提供了更充分的依据。利用成像测井图可较详尽地描述地层的岩性、沉积结构、构造、成岩作用等沉积特征。

测井沉积学分析主要包括以下几个方面的内容。

（1）测井岩性分析。岩性分析主要是岩石成分和结构分析。岩性是进行沉积相分析的基础，从测井资料看几乎所有的测井方法都对岩性或沉积岩矿物成分有反映。由于沉积岩岩性比较复杂，往往由不同比例的矿物组成，加上孔隙系统及流体的影响，以及层厚、井眼条件的干扰，一般要使用两种及以上的岩性—孔隙度测井方法才能实现对岩相的划分，分析时一般用交会技术和模型方法。

（2）测井沉积结构分析。用测井资料研究沉积结构主要是颗粒大小、形状、排列、分选程度、含泥质情况等。其依据是测井物性和岩性之间有密切的响应关系。由于测井深度是地质时间刻度，因此，孔隙度、渗透率和泥质含量曲线能反映沉积能量和作用时间变化的规律，用于描述沉积结构。

（3）测井沉积构造分析。沉积构造，特别是层理构造是测井沉积学研究的重要内容。沉积作用所造成的层理包括层理产状、形状、界面特性和界面内物质结构等内容。对于测井资料而言，沉积层理只有在纵向分辨率高和采样率高的成像测井和地层倾角测井上有响应。各种成像测井资料是进行层理及其他沉积构造分析的重要手段。

（4）古水流方向和沉积相分析。根据水流层理的特征（类型、角度、形式、分布）和方向（定向程度、发散程度、与古斜坡和砂体几何形状的走向关系）与对应的测井信息来确定古水流的方向。高精度地层倾角测井资料在岩心观测结果和区域地质背景的刻度下，成为古水流分析的主要依据。在沉积构造和古水流方向识别的基础上，利用测井曲线的纵向变化特征与沉积相的相序建立关系，综合分析沉积微相和亚相。

（5）测井层序地层学分析。层序地层学是等时对比和分析沉积岩的方法。根据岩心、岩屑、测井曲线特征对比和标定准层序，确定准层序的地层形式。综合地震、测井资料确定各级层序和体系域边界，建立测井层序划分方案。在运用测井资料进行层序地层学研究时，应综合运用钻井、岩心、地震等多种资料。

（6）测井旋回地层学分析。与层序地层学相比，旋回地层学受控于地球轨道参数，其旋回周期信息等具有全球一致性，其分析过程一般包括取样密度的确定、数据预处理、频谱分析、时频分析、滤波、调谐等步骤，并且主要应用于沉积学的定量研究。通过对地层记录的旋回地层学分析，将地层记录周期匹配到天文周期信息上，得到地层的天文年代标尺，确定各沉积时期的地质年代及沉积速率随时间的变化信息。

测井沉积学分析建立在沉积学和测井学两门学科的基础之上。利用测井资料进行沉积学分析必须充分了解沉积特征与测井参数之间的关系（测井响应），同时参考野外露头和地震分析，利用先进的数学方法和计算机技术，测井沉积学分析才能在油气勘探和开发过程中发挥作用。

2 测井学原理与沉积学应用

测井方法是测井沉积学分析的基础。通过对测井资料进行处理和解释，可以得到沉积岩、沉积环境、构造发育、孔渗特征等诸多地质信息。目前，在沉积学领域应用广泛的测井技术主要包括自然电位测井、自然伽马测井、侧向测井、感应测井、声波测井、密度测井、中子测井、成像测井和核磁共振测井等。本章将分节介绍各种测井方法及其主要的沉积学应用。

2.1 自然电位测井

2.1.1 自然电位测井原理

在电阻率测井初期，人们在钻井中就检测到了一种非人工产生的直流电位差，且可以毫伏级的精度记录下来，即自然电位。自然电位的测量很简单，把一个测量电极放在井下，另一个放在地面，可以连续地测量出一条自然电位曲线。把曲线正极电位作为基准，曲线的负峰处一般都是具有渗透性的砂岩。因此，自然电位曲线可以作为划分岩性、判断储层性质的基本测井方法。

井内自然电位产生的原因很复杂。对于油气井来说，主要有两个原因：地层水矿化度与钻井液矿化度不同，引起离子扩散作用和岩石颗粒对离子的吸附作用；地层压力与钻井液柱压力不同，在地层的微孔隙中产生过滤作用。实践证明：油井的自然电位主要由扩散作用产生，只有在钻井液柱和地层间的压力差很大的情况下，过滤作用才成为较重要的因素。

在砂岩井段上，由于砂岩的孔隙性、渗透性良好，可认为地层水与井液是两种不同浓度的 NaCl 溶液直接接触。不同浓度的溶液相接触，便出现一种趋向平衡的趋势，即浓度较高的地层水中的 Na^+ 及 Cl^- 均要向井液中扩散。但是 Cl^- 的迁移速度比 Na^+ 大，使井液一侧出现较多的 Cl^- 而带负电，井壁的砂岩一侧则出现较多的 Na^+ 而带正电。在接触面（井壁）两侧聚集了异性电荷，形成了电动势。这个电动势的出现，将使 Cl^- 的移动速度减小，

Na^+的移动速度增大，接触面两侧电荷聚集的速度减慢。当接触面上的电动势增加到使Na^+和Cl^-的移动速度相等时，便达到动态平衡。在平衡状态下，接触面两侧电荷的聚集停止，电动势则保持在某一定值。地层水和井液的浓度差能保持不变，在接触面上所成的电动势就保持不变。这种由离子的扩散作用所形成的电动势，叫作扩散电动势。砂岩井壁上的扩散电动势 E_d 可以用下式表示：

$$E_d = K_d \lg \frac{C_s}{C_m} \ (\mathrm{mV}) \tag{2-1}$$

式中，C_s，C_m 分别是砂岩地层水和井液的浓度；K_d 为扩散电动势系数，是与溶液的成分和温度有关的一个常数。

在 25℃条件下，如果砂岩地层水和井液都是 NaCl 溶液，且它们的浓度比值 $C_s/C_m=10$，则砂岩井壁上形成的扩散电动势 $E_d=K_d=-11.6\mathrm{mV}$。

在实践中发现，泥岩井壁上也会形成电动势，但这个电动势不仅在数值上与砂岩井壁上的扩散电动势不同，而且符号也相反。实验结果证明，泥质颗粒对溶液中的离子有选择性吸附负离子的特性，使负离子紧紧地被束缚在泥质颗粒表面而不能自由移动。相邻泥岩地层水的浓度 C_w 与砂岩地层水浓度相同，即 $C_w=C_s$。由于泥岩的孔隙孔道极为细小，泥质颗粒表面吸附了较多的负离子，泥岩孔隙孔道中可移动的Na^+比Cl^-要多得多。在 $C_w>C_s$ 的情况下，扩散到井液中的大部分是Na^+。随着扩散作用的进行，泥岩井壁的井液一侧会聚集较多的Na^+而带正电，泥岩井壁的泥岩一侧则聚集较多的Cl^-而带负电，从而产生电动势。此电动势的出现，也会逐渐降低Na^+的移动速度，最后达到动态平衡，形成数值一定的电动势。这种由吸附作用产生的电动势，称为吸附电动势。泥岩井壁上的吸附电动势 E_a 可以用下式表示：

$$E_a = K_a \lg \frac{C_w}{C_m} \ (\mathrm{mV}) \tag{2-2}$$

式中，C_w，C_m 分别为泥岩地层水和井液的浓度；K_a 称为吸附电动势系数，是与溶液的成分和温度有关的常数。

在 25℃条件下，如果泥岩地层水和井液都是 NaCl 溶液，且比值 $C_w/C_m=10$，则泥岩井壁上形成的吸附电动势 $E_a=K_a=59.1\mathrm{mV}$。

上述扩散作用和吸附作用的结果，在砂岩井壁上产生了扩散电动势，而在与砂岩相邻的泥岩井壁上产生了吸附电动势。自然电流在井液部分产生的电位降落，便是自然电位测井中测得的自然电位。由此可见，在 $C_w>C_m$ 的条件下，正对着孔隙性、渗透性好的砂岩，将观测到自然电位负异常。砂岩层的自然电位负异常的大小，与总的自然电动势的大小有关。在闭合的自然电流回路上，扩散电动势与吸附电动势是串联的，所以总电动势 E_{da} 应为：

$$E_{da}=-\left(|E_d|+|E_a|\right)=-K_{da}\lg\frac{C_s}{C_m} \tag{2-3}$$

$$K_{da}=|K_d|+|K_a| \tag{2-4}$$

式中，K_{da}为扩散—吸附电动势常数。

对于 25℃的 NaCl 溶液，$K_{da}=11.6+59.1=70.7\text{mV}$，则

$$E_{da}=-70.7\lg\frac{C_s}{C_m} \tag{2-5}$$

式（2-5）中，$C_s>C_m$ 时，砂岩的自然电位为负异常，等式右边加负号。

2.1.2 影响因素

由于泥岩岩性稳定，在自然电位曲线上显示为波动很小的直线，称为自然电位的泥岩基线。在渗透性砂岩段，自然电位曲线偏离泥岩基线，在足够厚的砂岩层中，曲线达到固定的偏转幅度，称为砂岩线。自然电位曲线的异常幅度 ΔU_{SP} 就是地层自然电位与基线的差值。通常把井中巨厚纯水层砂岩井段的自然电位近似地认为是静自然电位 SSP，SSP 等于扩散电动势与扩散吸附电动势之和。当上、下围岩岩性相同时，曲线特征为：

（1）当地层钻井液是均匀的，上、下围岩岩性相同时，自然电位曲线关于目的层中心对称，地层中心处异常值最大。

（2）地层越厚，ΔU_{SP}越接近 SSP；地层厚度变小，ΔU_{SP}下降，曲线顶部变尖，底部变宽，$\Delta U_{SP}<\text{SSP}$。

（3）当地层较厚（$h>4d$）时，ΔU_{SP}的半幅点对应地层的界面，因此较厚地层可用曲线半幅点确定地层界面。随着厚度的变小，对应界面处的曲线幅度值离开半幅点向曲线峰值移动。

实测曲线与理论曲线特点基本相同，但由于测井时受多方面因素的影响，实测曲线不如理论曲线规则。渗透性砂岩的自然电位对泥岩基线而言，可向左或向右偏移，它主要取决于地层水和钻井液溶液的相对矿化度 C_{mf}。当 $C_w>C_{mf}$时，砂岩层段自然电位出现负异常；当 $C_w<C_{mf}$时，砂岩层段出现正异常；当 $C_w=C_{mf}$时，不存在造成自然电场的条件，则没有自然电位异常出现。C_w 和 C_{mf}的差别越大，造成自然电场的电动势越大。

渗透层自然电位异常幅度的计算方法如下。

对于砂泥岩层段来说，自然电流回路的总自然电位 E_s 经推导为：

$$E_s = K\lg \frac{C_w}{C_{mf}} \tag{2-6}$$

$$K = K_d + K_{da} \tag{2-7}$$

式中，K 为自然电位系数；C_w 为砂岩的地层水矿化度；C_{mf} 为钻井液滤液的矿化度。

ΔU_{SP} 实际上是自然电流在井内钻井液电阻上的电位降，即：

$$\Delta U_{SP} = Ir_m = \frac{E_s}{r_m + r_{sh} + r_t} r_m = \frac{E_s}{1 + \frac{r_{sh} + r_t}{r_m}} \tag{2-8}$$

式中，I 为电流强度；r_m 为井内钻井液电阻；r_{sh} 为泥岩电阻；r_t 为砂岩电阻。

由式（2-8）可以看出，测量的 ΔU_{SP} 与 E_s、r_m、r_{sh} 和 r_t 有关。

2.1.2.1 岩性和矿化度比值的影响

ΔU_{SP} 与 E_s 成正比，E_s 取决于岩性和钻井液滤液电阻率 R_{mf} 与地层水电阻率 R_w 的比值 R_{mf}/R_w（C_w/C_{mf}），所以 C_w/C_{mf} 直接影响 U_{SP} 的异常幅度。在砂泥岩剖面，自然电位曲线以泥岩为基线。在含水纯砂岩层中，自然电位幅度最大，$\Delta U_{SP} \approx SSP$；随泥质含量的增加，SSP 下降，导致 ΔU_{SP} 下降。

2.1.2.2 地层厚度和井径的影响

地层厚度对自然电位幅度和形状具有影响。当 $h>4d$ 时，$\Delta U_{SP} \approx SSP$；当 $h<4d$ 时，$\Delta U_{SP} < SSP$；厚度越小，差别越大，异常顶部变窄，底部变宽，这时不能用半幅点确定地层界面。其原因是地层厚度减小，r_t 增大，r_m 减小，所以 ΔU_{SP} 减小；若地层厚度一定时，井径减小，h/d 增大，r_m 增大，则 ΔU_{SP} 增大。

2.1.2.3 地层电阻率、钻井液电阻率及围岩电阻率的影响

随着 R_t/R_m 的增大，ΔU_{SP} 降低。即 R_t 增大（或 R_m 减小），r_t 增大（或 r_m 减小），则 ΔU_{SP} 降低。

围岩电阻率 R_s 的变化，同样对自然电位异常幅度值有影响。R_s 增大，则 r_s 增大使 ΔU_{SP} 减小。

2.1.2.4 钻井液侵入带的影响

在渗透性地层，钻井液滤液渗入地层孔隙中，使钻井液滤液与地层水的接触面向地层

方向移动了一个距离。钻井液侵入带的存在，相当于井径扩大，因而使 ΔU_{SP}降低，即钻井液的侵入增大，ΔU_{SP}减小。

2.1.3 沉积学应用

2.1.3.1 判断岩性

自然电位主要是离子在岩石中的扩散吸附作用产生的，而岩石的扩散吸附作用与岩石的成分、组织结构、胶结物成分及含量有密切的关系，所以可根据自然电位曲线的变化判断岩性和分析岩性的变化。

在砂泥岩剖面中，当 $R_w<R_{mf}$时，在自然电位曲线上，以泥岩为基线，出现负异常的井段可认为是渗透性岩层，其中纯砂岩井段出现最大的负异常；在含泥质的砂岩层，自然电位曲线负异常幅度较低，而且随泥质含量的增多，ΔU_{SP}下降；此外，含水砂岩的 ΔU_{SP}还取决于砂岩渗透层孔隙中所含流体的性质，一般含水砂岩的 $\Delta U_{SP}^{水}$比含油砂岩的 $\Delta U_{SP}^{油}$要高。

2.1.3.2 估计地层的泥质含量

泥质含量及其存在状态对砂岩产生的扩散电动势、吸附电动势有直接影响，可根据自然电位曲线估计泥质含量。使用这种方法，必须进行大量的试验工作，通过建立 ΔU_{SP}和泥质含量 V_{sh}之间的定量关系，利用自然电位曲线估算岩层的泥质含量。有以下两种方法：

（1）应用数理统计方法建立 V_{sh}与 ΔU_{SP}之间的关系曲线，再根据自然电位曲线确定地层的泥质含量。

（2）利用经验公式估算：

$$V_{sh}=1-\frac{\mathrm{PSP}}{\mathrm{SSP}} \tag{2-9}$$

式中，PSP 为含泥质砂岩的静自然电位；SSP 为本地区含水纯砂岩的静自然电位。

2.1.3.3 识别沉积旋回和建立测井相模板

自然电位曲线的正负异常与渗透率有密切的关联，间接反映岩石的孔隙喉道和孔隙度情况等岩性信息。岩性的变化导致在层序界面上下自然电位曲线突变为钟形、箱状或指状等形态。将自然电位曲线与其镜像曲线对应起来，通过其包络区域的变化来识别不同级别的旋回及层序界面更准确和直观。

测井相是表征地层特征，并且可以使该地层和其他地层区分开来的一组测井响应特征集。根据自然电位测井曲线的形态可以划分出多种测井相。

（1）钟形曲线，底部突变接触，反映河道侧向迁移的正粒序结构，代表三角洲水下分流河道微相。

（2）漏斗形曲线，顶部突变接触，反映前积砂体的反粒序结构，代表三角洲前缘河口坝等微相。

（3）箱状曲线，顶底界面均为突变接触，反映沉积过程中物源供给丰富和水动力条件稳定，代表潮汐砂体或废弃水下分流河道微相。

（4）齿形曲线，反映沉积过程中能量的快速变化，它既可以是正齿形，也可以是反齿形或对称齿形，代表河道侧翼、席状砂、分流间湾等微相。

2.2　自然伽马测井和自然伽马能谱测井

2.2.1　自然伽马测井原理

自然伽马（GR）测井的测量装置由井下仪器和地面仪器组成。井下仪器包括探测器、放大器和高压电源等。自然伽马射线由岩层穿过钻井液、仪器外壳进入探测器，探测器将自然伽马 γ 射线转化为电脉冲信号，经放大器把电脉冲信号放大后由电缆送到地面仪器。把自然伽马测井仪下到井中，测量地层放射性强度随深度变化的曲线，称为自然伽马曲线。

岩石具有放射性，主要是由于含有铀（U_{92}^{238}）、钍（Th_{90}^{232}）、锕（Ac_{80}^{227}）及其衰变物和钾的放射性同位素 K_{19}^{40}，这些核素的原子核在衰变过程中能放出大量的 α、β、γ 射线。岩石的放射性强度决定放射性元素的含量。一般条件下，岩石的放射性物质含量很少，按放射性的强弱可将沉积岩分为以下几类：

（1）高放射性沉积岩：放射性软泥、红色黏土、海绿石砂岩、独居石等岩石。

（2）中放射性沉积岩：浅海相和陆上沉积的泥质岩石，如泥质砂岩、泥质石灰岩、泥灰岩等。

（3）低放射性沉积岩：砂岩、石灰岩、石膏、岩盐、煤和沥青等。

根据实验和统计，沉积岩的自然伽马放射性一般随泥质含量、有机物含量、钾盐和某些放射性矿物的增加而增加。沉积岩的自然伽马放射性主要取决于泥质含量的多少。本质上，岩石自然伽马放射性的强度是由单位质量或单位体积岩石的放射性同位素的含量决定的，当利用自然伽马测井资料求地层泥质含量时应做全面考虑。

2.2.2　自然伽马能谱测井原理

自然伽马测井记录的是能量大于 100keV 的所有伽马光子造成的计数率或标准化读数，

反映地层中放射性核素的总含量，无法分辨地层中放射性核素的种类，地层信息没有得到充分的利用。自然伽马能谱测井通过对伽马射线能谱进行分析，可以了解地层放射性总的水平，定量测量不同核素的含量，用来解决更多的地层和沉积问题。

这种测井方法的实质是根据测量得到的^{238}U、^{232}Th、^{40}K伽马放射性的混合谱来确定它们在地层中的含量。不同岩石含有的化学成分不同，其放射性物质的成分也不一样，放射性元素通常富集在泥岩中，泥岩地层的主要成分为黏土矿物，黏土矿物所含的放射性元素也各不相同。纯砂岩和碳酸盐岩的放射性元素含量一般较低。

2.2.3 影响因素

根据前面所讲的理论可推导出自然伽马测井的理论曲线：

（1）上、下围岩的放射性相同时，曲线对称于地层中点，在地层中点处有极大值或极小值，反映该层放射性大小。

（2）当地层厚度h小于三倍的钻头直径d（$h<3d$）时，极大值随地层厚度增加而增大（极小值随地层厚度增大而减小）；当$h \geqslant 3d$时，极大值（或极小值）为一常数，与地层厚度无关，与岩石的自然伽马放射性强度成正比。

（3）$h \geqslant 3d$时，由曲线的半幅点法确定的厚度等于地层的真实厚度；当$h<3d$时，由半幅点法确定的地层厚度大于地层的真实厚度，而且地层越薄，地层厚度大得越多。

根据实验室对铀、钍、钾放射的γ射线能量的测定，发现铀、钍、钾放射的γ射线谱都存在各自易鉴别的特征谱峰。自然伽马能谱测井的探测器与自然伽马测井基本相同，所不同的是其增加了多道脉冲，能分别测量不同幅度的脉冲数，从而得出不同能量的γ射线能谱，用以测定不同的放射性元素。自然伽马能谱测井根据测出的γ射线特征峰值，经剥谱处理可输出铀、钍、钾三条曲线及一条总的自然伽马曲线。综合来看，影响自然伽马测井和自然伽马能谱测井曲线的因素如下。

2.2.3.1 层厚的影响

地层变薄会使泥岩层的自然伽马值下降，砂岩层的自然伽马值上升，并且地层越薄，这种下降和上升就越多。对$h<3d$的地层，应考虑层厚的影响。

2.2.3.2 井参数的影响

钻井液、套管、水泥环所具有的放射性通常比地层低，同时又能吸收来自地层的伽马射线，所以这些井内介质一般来说会使自然伽马测井读数降低。

井径的扩大意味着下套管井水泥环增厚和裸眼井钻井液层增厚。若水泥环和钻井液不含放射性元素，则水泥环和钻井液层增厚会使自然伽马值降低。套管的钢铁对γ射线的吸收能力很强，所以下了套管的井，自然伽马值会有所下降。

2.2.3.3 放射性涨落的影响

在放射性源强度和测量条件不变的条件下，在相等的时间间隔内，对放射性强度进行重复多次测量，每次记录的数值是不相同的，但总是在某一数值附近上下变化，这种现象叫放射性涨落。它和测量条件无关，是微观世界的一种客观现象，且有一定的规律性。这种现象是由于放射性元素的各个原子核的衰变彼此是独立的，衰变的次序是偶然的等原因造成的。放射性涨落与仪器引起的系统误差及由操作造成的偶然误差有本质的区别。确定放射性涨落误差的正常范围，对判断和划分地层具有很重要的意义。只有正确地将由放射性涨落误差引起的读数变化与由地层性质引起的变化区分开，才能对核测井曲线进行正确的地质解释。由于放射性涨落的存在，使得自然伽马曲线不像其他测井曲线般光滑。

2.2.4 沉积学应用

2.2.4.1 划分岩性

自然伽马测井主要根据地层中泥质含量引起曲线幅度变化来区分不同的岩性。在自然伽马曲线上，一般泥岩和页岩以明显的高放射性显示出来，可以连成一条相当稳定的泥岩线，超过这条泥岩线的是火山岩、富含放射性矿物的砂岩或石灰岩及海相泥岩等。石膏、硬石膏、盐岩和纯的石灰岩、白云岩的放射性很低。白云岩往往比石灰岩的 GR 值高，这是由于含放射性物质的地层水在碳酸盐岩白云岩化的过程中将放射性物质带入岩石。

在碎屑岩剖面，纯砂岩 GR 值最低，黏土岩和泥岩 GR 值最高，泥质砂岩较低，泥质粉砂岩和砂质泥岩较高，即 GR 值随泥质含量的增加而升高。在碳酸盐岩剖面，纯白云岩、石灰岩 GR 值最低，黏土岩、泥岩和页岩 GR 值最高，泥灰岩较高，泥质石灰岩、泥质白云岩介于它们之间，也是随泥质含量的增加而曲线数值升高。在膏岩剖面，盐岩、石膏层 GR 值最低，泥岩 GR 值最高。

2.2.4.2 地层对比

以单井自然伽马曲线岩性划分为基础，在构造面上实现剖面及全区的地层对比。自然伽马曲线进行地层对比具有以下优点：

（1）与地层中所含流体性质及钻井液性质无关，含油、含水或含气对曲线影响不大。用自然电位或电阻率进行地层对比，同一地层由于流体性质不同，造成的曲线幅度差异会影响基于岩性的地层对比工作。

（2）标准层容易识别，通常选用厚泥岩或煤层作为标准层，进行区域范围内的地层对比。

（3）可以实现套管井地层对比。

2.2.4.3 估算泥质含量

在实际应用中，用自然伽马相对幅度的变化计算出泥质含量指数 I_{GR}：

$$I_{GR}=\frac{GR_{目的}-GR_{min}}{GR_{max}-GR_{min}} \tag{2-10}$$

式中，$GR_{目的}$为目的层自然伽马值；GR_{max}、GR_{min}分别为纯泥岩、纯砂岩的自然伽马值。

通常 I_{GR}的变化范围为 0~1，用式（2-11）将 I_{GR}转化成泥质含量 V_{sh}：

$$V_{sh}=\frac{2^{GCUR \cdot I_{GR}}-1}{2^{GCUR}-1} \tag{2-11}$$

式中，GCUR 为希尔奇指数，可根据实验室取心分析资料确定，随地层的地质年代而改变。

对于自然伽马能谱测井，可分别用总计数率、钍含量和钾含量计算泥质含量，其方法与自然伽马测井相似。先用不同的计数率求出泥质含量指数，然后采用相同的公式计算泥质含量。泥质含量指数的计算公式为：

$$\begin{cases} I_{GRS}=\dfrac{CTS-CTS_{min}}{CTS_{max}-CTS_{min}} \\ I_{GRTh}=\dfrac{Th-Th_{min}}{Th_{max}-Th_{min}} \\ I_{GRK}=\dfrac{K-K_{min}}{K_{max}-K_{min}} \end{cases} \tag{2-12}$$

式中，I_{GRS}，I_{GRTh}，I_{GRK}分别为砂岩、钍、钾的泥质含量指数；CTS 为总计数率；CTS_{max}，CTS_{min}分别为纯泥岩、纯砂岩中总的计数率；Th，K 分别为钍、钾的含量；下标 max、min 分别表示纯泥岩和纯砂岩中相应的数值。

用式（2-11）将 I_{GR}转化成 V_{sh}。

钍和钾的含量与泥质含量的关系比较稳定，如果铀含量与泥质含量关系稳定，也可用铀含量来计算泥质含量。自然伽马测井求出的泥质含量是这一参数的上限。当地层和岩石骨架中也含有放射性物质时，计算结果就会夸大泥质所占的体积。

2.2.4.4 研究沉积环境

铀、钍、钾三种元素具有沉积环境指示意义。可以利用自然伽马能谱测井大致判断沉积环境。据统计研究，陆相沉积、氧化环境、风化沉积产物的 Th/U>7；海相沉积、灰色或绿色页岩的 Th/U<7；海相黑色页岩、磷酸盐岩的 Th/U<2。

2.2.4.5 确定最大海（湖）泛面

最大海（湖）泛面是层序地层学中的重要界面，是层序地层格架建立的关键。富含有机物的高放射性黑色页岩通常代表一段时期内的最大水泛时期。这种地层在自然伽马能谱测井上的特点是钾和钍的含量低，而铀含量相对很高。自然伽马曲线在最大海（湖）泛面附近通常也出现较高的峰值。

2.3 侧向测井及感应测井

电阻率测井是地球物理测井中最基本、最常用的测井方法，包括普通电阻率测井、微电极测井、侧向测井和感应测井等。这些方法的具体特点和解决的问题各不相同，实质都是进行地层电阻率测量。在井孔中测量地层电阻率时，必须向岩层通入一定的电流，在地层中形成电场，电场分布的特点取决于周围介质的电阻率、供电电极及测量电极间的位置。只要测量出各种介质的电场分布特点就可确定介质的电阻率，所以电阻率测井实质是研究各种介质中电场的分布问题。

在地层厚度较大、地层电阻率和钻井液电阻率相差不大的情况下，可以采用普通电极系测井来求取地层电阻率；在地层较薄、电阻率高或在盐水钻井液的情况下，钻井液电阻率很低，电流大部分在井和围岩中流过，进入地层的电流少。普通电阻率测井不能用来划分地层、判断岩性。侧向测井和感应测井应运而生。

2.3.1 侧向测井原理

三侧向测井电极系是一个长的金属圆柱体，它被绝缘环分隔成三部分，主电极和两端的屏蔽电极。两个屏蔽电极对称地排列在主电极两侧。在电极系上方较远处设有对比电极 N 和回路电极 B。测井过程中，主电极 A_0 和屏蔽电极 A_1、A_2 分别通以相同极性的电流，通过自动调节装置，使 A_1、A_2 的电位始终保持和 A_0 的电位相等。保证了电流不会沿井轴方向流动，大部分呈水平层状进入地层，减小了井和围岩的影响，使三侧向测井具有较高的分层能力。三侧向测井电极系的深度记录点在主电极的中点，测得的视电阻率 R_a 可表示为：

$$R_a = K\frac{U}{I_0} \tag{2-13}$$

式中，K 为电极系系数，与电极系的结构尺寸有关；U 为主电极的点位与对比电极的电位差；I_0 为主电流。

三侧向测井的分层能力较强，探测深度较深，通常把这种三侧向测井称为深三侧向测井，它主要反映原状地层的电阻率变化。在三侧向测井过程中，为准确了解侵入带电阻率和原状地层电阻率的变化，提出了浅三侧向测井。浅三侧向测井的探测深度较浅。其特点是：屏蔽电极 A_1、A_2 的尺寸比深三侧向测井要短，在 A_1 和 A_2 外面加上两个极性相反的电极 B_1 和 B_2，作为主电流和屏蔽电流的回路电极。所测出的视电阻率主要反映井壁附近岩层电阻率的变化，在渗透层井段就反映侵入带 R_i 的变化。

2.3.2　感应测井原理

侧向测井是在井下地层形成直流电场，通过测量井轴周围地层的电位分布，求出地层的电阻率。有时为了获得原始含油饱和度资料，需要油基钻井液钻井；为了避免破坏地层的原始渗透性，还会采用空气钻井。在这些条件下，井内无导电介质，直流电法测井无法使用。交变电磁场在导电介质中可以传播，在不导电介质中也可以传播。可以应用电磁感应原理克服非导电介质的影响。

把地层看成是一个环绕井轴的大线圈。把装有发射线圈 T 和接收线圈 R 的井下仪器放入井中，对发射线圈通以交变电流 I，在发射线圈周围地层中产生了交变磁场 Φ_1。这个交变磁场通过地层，在地层中感应出电流 I_1。此电流环绕井轴流动产生涡流，涡流在地层中流动又产生交变磁场，这个磁场是地层中的感应电流产生的，叫二次磁场 Φ_2。Φ_2 穿过 R，感应出电流并被仪器记录。涡流与电导率成正比。接收线圈中的电动势与电导率成正比。根据记录到的感应电动势的大小，地层的电导率可以通过计算得到。

2.3.3　影响因素

三侧向测井的视电阻率理论曲线特征与电位电极系的视电阻率曲线相似。当上、下围岩电阻率相等时，曲线相对地层中心对称。在高阻地层中，视电阻率出现极大值。当上、下围岩电阻率不等时，则 R_a 曲线呈不对称形状，且极大值移向高阻围岩一方。R_a 的影响因素包括两方面：电极系参数和地层参数。前者影响电极系 K，后者影响电极系的电位。电极系参数包括电极系长度、主电极长度及电极系直径。电极系越长，主电流聚焦越好，主电流进入地层的深度也越深。计算表明，当电极系尺寸大到一定程度后，改变电极系长度，对探测深度几乎没有什么影响。主电极长度对曲线的纵向分层能力有影响，主电极越短，分层能力越强。

2.3.3.1　层厚和围岩的影响

当层厚大于 $4L$（L 为主电极长度）时，围岩对测量的 R_a 基本上没有影响，对厚度小于或接近于 L 的地层，R_a 受围岩影响比较明显，层厚较薄时，电流受低阻围岩影响出现分散，使 R_a 降低。地层越薄，围岩电阻率越小，R_a 降低越多。

2.3.3.2　侵入带的影响

侵入带的影响与电极系的聚焦能力、侵入深度和侵入带电阻率有关。侵入越深或电极系的聚焦能力越差，侵入带的影响相对增加。在侵入深度相同条件下，随着侵入带电阻率的增加，对 R_a 的影响也相对增加。增阻侵入比减阻侵入对 R_a 的影响更大。

2.3.4　沉积学应用

三侧向测井是视电阻率测井的一种，受井眼、层厚、围岩的影响较小，分层能力较强，是划分不同电阻率地层的有效方法，特别是划分高阻薄层，比普通电极系视电阻率曲线更加有效。

2.3.4.1　地质分层

在 R_a 曲线发生突变的位置为地层界面。感应测井可由曲线半幅点划分地层界面。一般情况下不单独用感应测井曲线来分层，应同时考虑微电极测井、微侧向测井和短梯度测井曲线。

2.3.4.2　地层岩性划分

利用三侧向测井的视电阻率确定地层电阻率时，要考虑 R_t（地层真电阻率）、R_i（侵入带电阻率）和 D（侵入半径）。结合微侧向测井求得 R_i，再利用深浅三侧向测井的侵入校正图版可求出 R_t 和 D。对感应测井曲线来说，不论高或低电导率地层，其地层中点均对应于曲线极值。对高电导率地层取极大值，对低电导率地层取极小值。若地层较厚，在中部有微小的起伏，则取中部的面积平均值；若地层中含有薄的泥质或钙质夹层，将夹层去掉后取余下部分的平均值。通过测得的地层电阻率和电导率，以及各种岩性的电阻率和电导率范围划分岩性。

2.3.4.3　围岩岩性划分

均匀的围岩可通过感应测井直接测量围岩视电阻率。对于不均匀围岩，在靠近界面处读取视电导率。根据感应测井的纵向探测特性，在距地层中点 5m 的范围内取围岩的视电阻率 σ_a（若 $h \geqslant 10$m，则围岩的贡献可以忽略）。当地层上、下围岩视电导率不同时，可分别读取上、下围岩的视电导率，取二者的平均值作为围岩的视电导率，再根据不同岩性的电导率推测围岩岩性。

2.4　声波测井

声波在不同介质中传播时，速度、幅度、频率都会发生变化或衰减。声波测井就是利用岩石的声学特性来研究钻井地质的一种测井方法。声波是物质的一种运动形式，由物质的机械振动产生，通过质点间的相互作用将振动由近及远的传播。声波分为20~30kHz的声波和30kHz以上的超声波。声波波源产生的能量很小，岩石介质都表现为弹性体，波是靠质点间的相互作用进行传播的。测井声波传播的速度、频率和幅度与地下岩石的弹性密切相关。

声波测井是近年来发展较快的一种测井方法。由最早的声速测井、声幅测井发展到后来的长源距声波测井、变密度测井、井下声波电视（BHTV）、噪声测井，到现在的多极子阵列声波测井、井周声波成像测井（CBIL）、超声波井眼成像仪等。在解决地下地层构造、判断岩性、识别压力异常层位、探测和评价裂缝、判断储层中流体性质方面，声波测井成为多种地球物理资料的纽带，将测井与地震勘探资料结合起来。

2.4.1　声波全波列测井原理

声速测井和声幅测井只记录纵波首波的传播时间和第一个波的波幅，利用井孔中有限的波列。实际上，声波发射探头激发出的波列携带了很多地层的信息。利用全波列信息来研究地层的特性，有利于扩大声波测井在沉积学研究和石油勘探中的应用。

2.4.1.1　声波全波列成分

在裸眼井中，由对称轴上的点声源激发的全波列是由多种波列成分组成，在接收换能器中可以接收到滑行纵波、滑行横波、伪瑞利波和斯通利波等。滑行纵波具有传播速度快、幅度小的特点，是波列中的首波。滑行横波是紧接在滑行纵波后面，幅度大于滑行纵波，但传播速度小于滑行纵波；伪瑞利波是以大于第一临界角入射到井壁上，并在井壁界面上多次散射所形成的高频散射的表面波，具有截止频率，其截止频率的相速度接近地层的横波速度，所以其紧跟滑行横波之后到达且与滑行横波续至部分重叠，其幅度大于滑行纵波和滑行横波；最后到达的是斯通利波，它是发射与接收换能器间经井内钻井液直接传播而又受到井壁地层传播的滑行横波制导的一种管波，其速度低于井内钻井液介质的纵波速度，幅度最大。

2.4.1.2 声波全波列测井信息

为了探测原状地层的声学特性，声波全波列测井采用探测深度大的长源距声系。采用长源距可以从时间上把速度不同的波列成分分开。为了补偿井眼变化的影响，声系采用双发双收声系。长源距声波全波列测井仪的声系通常由两个发射探头 T_1、T_2 和两个接收探头 R_1、R_2 组成。可采用 4 种记录方式：T_1R_1、T_1R_2、T_2R_1 和 T_2R_2，可组合成源距不同的 4 种单发单收声系，记录 4 条相应的声波时差曲线。在实际测井中，为了消除井眼扩大或缩小的影响，长源距声波测井采用双发双收补偿速度测井方法，声波时差基本上能够消除井径变化的影响。

2.4.2 影响因素

声波曲线是声波时差随深度变化的关系曲线。当目的层上、下围岩声波时差一致时，曲线对称于地层中点。岩层界面位于声波时差曲线半幅点。在界面上下，声波时差是围岩和目的层声波时差的加权平均效应，既不能反映目的层声波时差，也不能反映围岩声波时差。当地层足够厚且大于间距时，测量声波时差的曲线对应地层中心处的平均值是目的层声波时差。

影响声波测井的因素如下：

（1）井径的影响。扩径段声波时差发生变化，声波时差曲线出现假异常。

（2）层厚的影响。声速测井仪对小于间距的薄地层分辨能力较差。减小间距可以提高对于薄层的分辨能力，探测深度也随之变浅。

（3）周波跳跃的影响。含气的疏松砂岩、裂缝发育的地层及钻井液气侵的井段，声能量严重衰减，经常出现周波跳跃现象。声波产生多次反射而明显衰减，至第二道接收波列的首波不能触发记录，后续波以后的第二、第三或者第四个续至波触发记录。在曲线上表现为时差急剧增大，以声波中心频率周期的倍数增大，这种现象称为“周波跳跃”。周波跳跃是疏松砂岩气层和裂缝发育地层的一个特征，可被利用来寻找气层或裂缝带。

2.4.3 沉积学应用

2.4.3.1 判断岩性

声波时差的高低在一定程度上反映岩石的致密程度，特别是它常用来区分渗透性砂岩和致密砂岩。横波时差 Δt_s 与纵波时差 Δt_p 比值与岩性密切相关，可以作 Δt_p 与 Δt_s 的交会图确定岩性。

在砂泥岩剖面，随着泥质含量的增加，声波时差增大。砾岩声波时差一般较低；砂岩显示出较低的声波时差；泥岩显示出较高的声波时差；页岩的声波时差介于泥岩声波时差和砂岩声波时差之间。砂岩中胶结物的性质对声波时差有较大的影响，一般钙质胶结比泥质胶结的声波时差要低。

在碳酸盐岩剖面，致密灰岩和白云岩声波时差最低，泥质含量增高使声波时差稍有增高；孔隙性和裂缝性石灰岩和白云岩声波时差明显增大，裂缝发育会出现周波跳跃现象。

在膏盐剖面，渗透性砂岩声波时差最高，泥岩由于普遍含钙、含膏，声波时差与致密砂岩相近。水石膏的声波时差很低。盐岩由于扩径严重，声波时差曲线显示周波跳跃现象。

2.4.3.2 估算孔隙度

在均匀各向同性和弹性介质中，声波的传播速度与介质的弹性和密度有关。沉积岩的声波传播速度除了与造岩矿物的成分、弹性、密度有关外，还与岩石的孔隙度、孔隙流体和相态等有关。沉积岩除了骨架、胶结物和填充物等固相部分，还包含孔隙中的油、气、水液相部分。岩石的孔隙体积对声速有很大影响，孔隙中液相的声速一般要比岩石固相部分的声速低。

声波在单位体积岩石中传播可分为两部分：一是岩石骨架部分，其体积为 $1-\phi$；另一部分为岩石孔隙流体部分，其体积为 ϕ。

$$\Delta t = (1-\phi)\Delta t_{ma} + \phi\Delta t_{f} \tag{2-14}$$

式中，Δt 为平均时间；ϕ 为地层孔隙度；Δt_{ma} 为岩石骨架声波时差；Δt_{f} 为孔隙流体声波时差。

式（2-14）为怀利时间平均公式，提出了声速与孔隙度呈线性关系的计算模型。声波在单位厚度岩层中传播所用的时间，等于其在孔隙中以流体声速传播经过等效的孔隙厚度所用的时间，以及在孔隙外岩石骨架部分以岩石骨架声速传播经过等效骨架厚度所用的时间之和。当 Δt_{ma} 和 Δt_{f} 已知时，利用声波时差曲线的读数 Δt 可求出沉积岩地层孔隙度。在疏松地层和未压实地层段上，利用式（2-14）求得的孔隙度比实际值偏大。为此，应对所求得的孔隙度进行压实校正，将所求得的孔隙度乘以校正系数，使得校正后的孔隙度更可靠：

$$\Delta t = (1-\phi)\Delta t_{ma} + \phi\Delta t_{f}\frac{1}{C_{p}} \tag{2-15}$$

式中，C_{p} 为校正系数。

2.5 密度测井

密度测井是测量由伽马源发出，经过岩层散射和吸收，回到探测器的射线的强度的一种放射性测井方法。

2.5.1 密度测井原理

伽马射线与物质的作用主要有电子对效应、康普顿效应和光电效应。康普顿效应与地层的密度呈正比关系。密度测井主要是利用康普顿散射现象，散射 γ 射线强度减弱主要和康普顿吸收系数 σ 有关，σ 又与岩石的体积密度有关。γ 射线的强度反映岩层的体积密度。

在进行密度测井时，把装有 γ 源、伽马探测器及电子线路的下井仪器放入井中。γ 源和探测器装在仪器臂的滑板上，以液压方法把滑板推靠到井壁上。γ 源放出的伽马射线在岩层中散射吸收，强度逐渐减弱。由源距不同的探测器接收经过岩石散射的伽马射线。

测井时通常使用铯伽马源，放出的 γ 光量子的能量不高，排除了形成电子对的可能性。将记录伽马射线的门坎定位 0.1~0.2MeV，只记录能量较高的一次散射或多次散射伽马射线，可以很大程度避免光电吸收的影响。此时康普顿效应占绝对优势，地层的吸收系数 μ 为：

$$\mu \approx \sigma = \sigma_e \frac{ZN_A \rho_b}{A} = \sigma_m \rho_b \tag{2-16}$$

式中，Z 为原子序数；A 为原子量；N_A 为阿伏伽德罗常量，$6.022\times10^{23}/g$；ρ_b 为介质体积密度，g/cm^3；σ_e 为一个电子的微观散射截面；σ_m 为质量吸收系数，当地层中没有重矿物时，它不随 Z 变化，即对岩性不敏感。

把仪器在已知密度的介质刻度好，可以把散射 γ 射线计数率换算成岩层体积密度，记录出各个地层的体积密度。

密度测井只利用散射伽马光子的高能谱段（H 段），而低能谱段（S 段）并没有利用，这一谱段对岩性有更高的灵敏度。岩性—密度测井引入了能谱分析技术，充分利用了散射伽马光子提供的信息。同时记录高能伽马光子和低能伽马光子，然后用能谱仪将 H 段和 S 段分开。利用 H 段得到电子密度指数 ρ_e 和 ρ_b，利用 S 段和 H 段计数率的比值求出质量光电吸收截面指数 P_e：

$$P_e = \frac{U}{\rho_e} = f\left(\frac{S}{H}\right) \approx \frac{U}{\rho_b} \tag{2-17}$$

式中，U 为体积光电吸收系数。

$U=P_e\rho_e$ 可由仪器自动给出。这样，岩性—密度测井一次测井就可同时得到 U、P_e、ρ_e 和 ρ_b 等有用参数。其中 U 对重矿物反应灵敏，可用于复杂岩性的解释工作。

2.5.2 影响因素

2.5.2.1 滤饼的影响

密度测井的探测深度不大，一般局限在冲洗带内。仪器和井壁之间的滤饼对测井结果有较大影响，须予于校正。密度测井多采用长源距和短源距的双探测器装置，也称为补偿密度测井，对滤饼等介质的影响加以校正。长源距计数率受滤饼影响较小，短源距计数率受滤饼影响大，可为长源距计数率提供补偿值。

2.5.2.2 井径的影响

贴井壁双源距密度测井仪器的读数受井眼影响较小，若井径小于 10in，井径影响可以忽略不计。随着井径加大，必要时可进行校正，用校正后的密度求取孔隙度。否则，测得的密度偏低，求出的孔隙度偏大，对沉积储层会得出过于乐观的结论。

2.5.3.3 岩性的影响

密度测井仪器是用纯石灰岩为标准进行刻度的。岩性不同时其骨架会造成附加孔隙度。以石灰岩为标准刻度的仪器，对砂岩地层求出的孔隙度比实际孔隙度大，对白云岩求出的孔隙度比实际孔隙度小。当岩石骨架中含有重矿物时，用密度测井求出的孔隙度比实际孔隙度小。

2.5.3 沉积学应用

2.5.3.1 判断岩性

在已知岩石的矿物组合及各种矿物组合的体积密度的条件下，可以用密度测井确定各种矿物成分含量，判断岩性。通常用密度测井和其他孔隙度测井组合确定岩性。

2.5.3.2 确定孔隙度

利用密度测井计算孔隙度的公式为：

$$\phi_D = \frac{\rho_{ma} - \rho_b}{\rho_{ma} - \rho_f} \tag{2-18}$$

式中，ϕ_D 为地层孔隙度；ρ_{ma}为骨架密度；ρ_f 为孔隙流体密度。

根据测出的ρ_b，以及通过实验求得的ρ_{ma}和ρ_f，可得地层沉积岩的孔隙度。一般不单独使用密度测井确定孔隙度，而是利用中子—密度测井组合法。

2.6 中子测井

中子测井是把中子源和探测器放入井内，中子源发射的高能量中子与地层物质的原子核相互作用而减速，扩散和被吸收。采用两个不同源距探测器来测量热中子计数率的比值，以反映地层中的中子密度随源距衰减的速率。

2.6.1 热中子、中子伽马测井原理

中子源发出中子打入地层，在地层中经过多次弹性散射，快中子变成热中子。在中子减速过程中，氢是岩石对中子减速的决定因素。含氢量的多少决定了热中子的空间分布。在中子源周围氢多的情况下，中子源发出的中子在其附近就迅速减速为热中子。中子源附近热中子密度 N 较大。当中子源附近含氢量低时，中子要经过较大的距离才能转化为热中子，在离中子源较远的地方，热中子密度较大。热中子测井曲线读数大致和地层含氢量的对数成比例。当孔隙中充满液体（油和水）时，含氢量直接反映地层的孔隙度。用点状同位素中子源向地层中发射快中子，在离源一定距离的观察点上选择记录超热中子的测井方法称为超热中子测井。超热中子测井仪器有普通管式中子测井仪器和井壁中子测井仪器两种。

热中子在地层中扩散，有些核素能俘获热中子，并放出伽马射线。在核物理中把这一过程称为辐射俘获核反应。在测井中，习惯把这一反应称为中子伽马核反应，产生的射线称为中子伽马射线。用同位素中子源发射快中子，在离源一定距离探测伽马射线就是中子伽马测井。中子伽马值主要反映地层的含氢量和含氯量，与沉积岩孔隙度间接相关。

2.6.2 影响因素

普通热中子测井曲线受地层水含氯量的影响。在地层含氯量很高的情况下，热中子被氯原子核强烈地俘获，使热中子密度与含氢量相同而含氯量低的地层相比有明显的上升。为了消除含氯量的影响，多采用补偿热中子测井。下井仪器设计成双源距探测器，分别由长、短源距两个探测器测得两个计数率（长源距约为 21in，短源距约为 12.7in）。由地面仪器计算这两个计数率的比值，计算出中子测井孔隙度 ϕ_N。以线性比例尺直接记录出 ϕ_N

曲线。这种测井能消除含氯量的影响。同时，长、短源距的计数率所受的干扰相同，大大减小了井眼参数对中子测井的影响。

中子伽马测井的源距一般都是通过实验选定，源距小受井的影响小，对地层含氢量的变化不灵敏；源距大则计数率太低，放射性涨落误差大。源距一般在45~65cm之间选定。

2.6.3 沉积学应用

2.6.3.1 判断岩性

中子伽马曲线与自然伽马曲线配合能有效地识别岩性。也可以利用中子—密度测井、中子—声波测井组合确定沉积岩孔隙度和判断岩性。

在砂泥岩剖面，中子伽马曲线砂岩读数高，泥岩读数低，可以把砂岩与泥岩地层区分开。砂岩的读数随孔隙度增大和泥质含量增高而降低。

在碳酸盐岩剖面，致密的白云岩、石灰岩显示为高读数；泥岩、泥灰岩显示为低读数。石灰岩、白云岩的孔隙度越大或含泥质越高，读数越低。在大段致密泥灰岩中，低自然伽马和低中子伽马往往是裂缝带的特征。

2.6.3.2 确定孔隙度

中子测井仪是用石灰岩进行刻度的。对于石灰岩地层，中子测井的读数即为地层的真孔隙度，但对于其他岩性，需要进行岩性校正。一般不单独使用中子测井确定孔隙度，而是利用中子—密度测井组合法。

2.7 成像测井

成像测井是根据地球物理场的观测，对井壁或目的层进行物理参数成像的测井技术。目前较为成熟的成像测井方法包括电成像测井和声波成像测井，其中电成像测井主要包括全井眼地层微电阻率扫描成像测井（FMI）和电磁扫描成像测井（EMI）。声波成像测井主要是正交偶极子阵列声波测井。核磁共振测井也属于成像测井，极具发展前景。

2.7.1 电成像测井原理

FMI将仪器分为上部电极和下部电极两部分。下部电极包含极板和测量电极两部分。测井时，液压系统将各个测量极板推至井壁，外加发射电压驱使低频交流电从纽扣电极通过钻井液流向地层，再经过地层到达上部电极形成回路。同极性相互排斥的物理特性使得极板外壳电流对钮扣电极电流起到了屏蔽聚焦作用，确保电流进入更深地层。测量电流和发射电压即可确定地层电阻率。

EMI 与 FMI 原理大致相同，EMI 纽扣电极用来反映地层微电导率变化而形成井壁成像原始信息。EMI 测得电流包括高频电流、低频电流、直流电流三个部分。高频电流部分由纽扣电极前的地层微电导率变化调节控制。低频电流部分由与浅侧向测井探测深度相同的电导率控制。直流电流部分在处理过程中被过滤掉。高频电流部分与地层岩性、物性变化有关，而低频电流部分主要对其探测深度相当的地层电导率作定量刻度。电流变化被转化成同步彩色图像，明亮的彩色图像代表低电导率，而暗的彩色图像反映相对高的电导率。

2.7.2 声成像测井原理

声成像测井在沉积学应用最多的是正交偶极子阵列声波测井。传统声波测井只能接收纵波信号，而正交偶极子阵列声波测井可以准确接收纵波、横波和斯通利波，包含了大量的地层信息。通过对声波信息进行整合处理，可以对井壁周围地层进行成像分析。

正交偶极子阵列声波测井使用了具有方向性的发射器和接收器。偶极发射器像一个活塞，使井壁一侧的压力增加，而另一侧压力减小，引起井壁扰动。这种由井眼扰曲运动产生的剪切挠曲波具有频散特性，在低频时其传播速度趋近于横波，偶极子声波测井仪实际上是通过测量挠曲波计算地层横波速度的。

2.7.3 影响因素

2.7.3.1 电成像测井影响因素

电成像测井是利用电阻（电导）进行成像分析的测井技术，影响电成像测井的因素有钻井液、滤饼和极板压力等。钻井液矿化度过高会引起 FMI 电阻值过低，超过测量范围，图像出现“坏极板”现象，即 8 个电极板会有 1~2 个极板采集的图像失真。滤饼过厚会造成成像效果差，测井前尽量进行通井。

2.7.3.2 声成像测井影响因素

声成像测井是利用声波时差进行成像分析的测井技术，影响声成像测井的因素主要有套管尺寸、井况和固井质量、地层情况等。

（1）套管尺寸。套管尺寸影响居中测井仪器发射和接收地层数据的真实性。套管直径增大，套管波幅度减小；水泥环厚度越大，纵波时差受水泥环的影响越大。

（2）井况和固井质量。井眼扩径是提取纵波质量的一个影响因素，当固井质量较差时，井眼扩径对纵波影响较大。实际生产中，在固井质量好的井段，提取的纵波时差能准确反映地层的纵波时差，可以不做校正直接应用。如果固井质量较差，声耦合不好，大部分声波能量沿套管传播，极小部分传到地层。提取的纵波时差已不能准确反映地层的纵波时差。

（3）地层情况。地层中存在天然气时，纵波速度会明显增大，而横波速度基本不受影响。由横波计算的纵波时差与实测的纵波时差之间的差值可以指示天然气的存在。当孔隙内充满石油和天然气时，岩层纵波速度比孔隙内充满水的岩层纵波速度小，即油层、气层的纵波时差要比相同岩性相同孔隙的水层大。下套管后，渗透性地层钻井液的渗透运动停止，地层流体逐步向井壁运移。在水泥胶结好的套管井中，纵波时差与裸眼井常规完井测井中声波时差数值相关性系数接近 1。

2.7.4 沉积学应用

2.7.4.1 电成像测井的应用

电成像测井对于沉积学研究意义重大。在没有进行取心作业的探井，电成像测井有“电取心”的美名。电成像测井的分辨率与岩心最接近，在岩心的沉积学研究领域，电成像测井几乎都可以得到应用。其作业时间短、成本低、分辨率高、信息量大及完整连续的优点使其应用广泛。主要沉积学应用包括薄层岩性划分，裂缝识别和沉积构造分析等。

（1）薄层岩性划分。

不同岩性的电阻率不同，因此在电成像测井图像中能够分辨出泥岩、砂岩和砾岩等岩性。如泥岩在图像上一般表现为黑色，砂岩一般表现为浅色或白色的点状，砾岩一般表现为亮色斑点。在岩性划分的基础上，电成像测井的纵向分辨率很高，能识别出厚 5mm 的薄层，不同颜色和特征的界面就是地层界面。通过实践发现，电成像测井图像识别颗粒较粗的岩性效果较好，但识别颗粒较细的岩性效果欠佳。需要常规测井资料辅助进行薄层的岩性划分。

（2）裂缝识别。

裂缝可以分为天然裂缝和诱导裂缝。天然裂缝按成因可以分为由构造作用形成的开启裂缝、闭合裂缝；成岩作用和压溶作用形成的收缩裂缝、缝合线。诱导裂缝可以分为钻井过程中重钻井液与地应力不平衡造成的压裂缝和应力释放缝、由于钻具震动形成的震动裂缝。天然裂缝中的开启裂缝常充填钻井液，电阻率较低，在图像上显示为深色线条；闭合裂缝常充填其他矿物，电阻率较高，在图像上显示为浅色线条；收缩裂缝无固定充填物质，在图像上颜色不固定；缝合线在图像上显示为深色线条，近似正弦曲线，缝合面呈锯齿状。诱导裂缝中的压裂缝在图像上显示为暗色线条，以 180°或近于 180°之差对称出现，以一条高角度张性缝为主，在两侧有羽毛状的较细剪切缝；应力释放缝在图像上呈高角度羽毛状，缝面规则；震动裂缝在图像上很细小，成组出现，形态相似，犹如羽毛状。

（3）沉积构造分析。

沉积构造分析是电成像测井沉积学分析的特色。通过电阻率成像，沉积层理构造、层面构造和同生变形构造可以被识别出来。层理在图像上通常是一组互相平行或接近平行的电导率异常，通常呈低角度或水平，能直接反映沉积时的水动力条件，是沉积环境的标志之一。常见的有水平层理、交错层理、波状层理和透镜状层理等。层面构造最常见的是冲刷面，在图像上通常上覆地层为浅色，下伏地层为深色，接触面凹凸不平，而且在井径曲线冲刷面处变大或变小。同生变形构造最常见的是包卷层理，在图像上纹层成圆形、半圆形、椭圆形等不规则形状，包卷变形。

2.7.4.2　声成像测井的应用

处理后的阵列声波测井资料提供了准确的纵波时差、横波时差、斯通利波时差及大量的岩石物理参数和工程力学参数，利用这些参数可以进行岩性划分、裂缝识别等沉积学应用。

（1）岩性划分。

理论上，利用阵列声波测井资料的纵横波速度比可以大致确定地层岩性。一般情况下，砂岩纵横波速度比为1.58~1.8，石灰岩为1.9，白云岩为1.8，泥岩为1.936。

（2）裂缝识别。

利用正交偶极子阵列声波测井技术可以识别裂缝。一般认为纵横波速度比在1.9~2.2之间时指示该区域发育裂缝。在剔除泥岩及井眼影响后，可以利用纵波、横波、斯通利波的幅度衰减直观判断裂缝发育带。

2.8　核磁共振测井

2.8.1　核磁共振测井原理

核磁共振（NMR）测井是通过探测岩石孔隙中流体的弛豫信号的一种测井技术。NMR测井可以不受岩石骨架的影响，直接测量任意岩性储层中自由流体（油、气、水）的渗流特性。NMR测井是目前研究地层流体及孔渗性质最具价值的测井方法之一。

原子核是一个自旋且带电的系统，因此在旋转的同时会产生磁场，其方向和强度可以用一组核磁矩（M）的矢量参数表示。一般情况下，原子核的核磁矩是无规律的自由排列，当外加一静磁场时，原子核的核磁矩重新排列，产生沿着磁场方向的回旋，其回旋的频率与磁场强度成正比。此时，若外加一频率逐渐变化的射频磁场，使其方向垂直于静磁场方向，当频率恰好为回旋频率时，原子核核磁矩与磁场方向夹角产生强烈振动，能级跃迁至高能态，即为核磁共振。当撤去射频磁场时，原子核会从高能态恢复至稳定的低能态，这个过程叫作弛豫。各种原子核发生核磁共振现象所需要的频率不同，同一时刻只能检测一种原子核的核磁共振现象，由于氢原子核的共振信号易于检测，且在岩石中分布广泛，故核磁共振测井以检测氢原子核的共振信号为主。

实际测井中，以地磁场当成静磁场，通过下井仪器首先把一个很强的极化磁场加到地层中，等氢核完全极化后，再撤去极化场，则氢核磁化矢量便绕地磁场自由进动，在接收线圈中就可测到一个感应电动势。由于束缚水和可动流体的弛豫时间不同，在接收线圈中产生的感应电动势的强弱和持续时间也不一样。测井前事先刻度出束缚水和可动流体的弛豫时间，这样束缚水、可动流体的信息就可直接在测井曲线上反映出来，即可直接计算出自由水饱和度、束缚水饱和度。

2.8.2　影响因素

在测井施工建设的过程中，核磁共振测井很容易受诸多因素的影响而导致回波间隔、数量及总回波数量有所改变。影响核磁共振测井的因素主要有钻井液电阻率、地层顺磁物质、增益等。

2.8.2.1　钻井液电阻率

伴随钻井液含盐浓度的不断提高，实际的电阻率会随之下降，使得天线负反馈显著增加，导致仪器电子线路增益减少。如果井眼钻井液的电阻率明显缩小，就会增加天线发射射频脉冲的衰减程度，而且负载效应的越加严重，直接影响测量模式的应用效果。一般情况下，井眼钻井液电阻率下限是 0.02Ω·m。伴随钻井液电导率的提高，信噪比也会随之下降。对信噪比下降的影响予以补偿需要降低测井的速度，同时实现信号的多次叠加。

2.8.2.2　地层顺磁物质

地层顺磁物质含量会直接决定地层弛豫的时间。因顺磁物质存在的影响，局部也会出现均匀性较差的磁场，导致自旋核弛豫得以强化，集中表现在分布谱逐渐向短弛豫的方向发生偏移。由此可见，所有顺磁物质地层都具备显著表面弛豫特性，并且会移动到极短弛豫时间范围内，对截止值选择产生了一定的影响。磁物质会被吸附于探头之上，使得信噪比不断下降。伴随顺磁离子的不断扩大，水相氢质子弛豫的时间随之缩短，弛豫衰减信号的强度也更加薄弱，致使核磁共振测量的孔隙度明显降低。在高浓度条件之下，顺磁离子渗吸则会被扩散至岩石，导致岩石当中可动流体谱峰消失时间明显少于低浓度条件下的所需时间。

2.8.3 沉积学应用

核磁共振测井的优势在于不受岩石骨架的影响，纵向连续性好，有利于刻画微观孔隙结构和孔径分布，缺点在于其径向探测深度浅，纵向分辨率低。目前对于核磁共振测井的应用主要体现在确定地层孔径情况、渗透率，确定可动流体饱和度和束缚流体饱和度方面，也有专家学者尝试将核磁共振测井与电成像测井相结合，评价页岩油储层有效性。

2.8.3.1 确定岩石物性

地层的大孔隙中氢原子核横向弛豫时间较长，孔径大小与横向弛豫时间 T_2 呈正相关，横向弛豫时间反映了岩石孔径大小，核磁共振的信号量反映了孔隙中流体的体积。根据横向弛豫时间和信号量可以确定岩石的孔隙分布情况。

地层渗透率反映了岩石允许流体通过的能力，与孔隙的表面积和体积有关，而横向弛豫时间也与孔隙的表面积和体积有关。利用 T_2 谱可以得到渗透率的相关信息。渗透率的计算主要是通过经验公式和渗透率模型进行计算，Coates 模型是常用的渗透率计算模型。

$$K_3=\left(\frac{\phi_{\mathrm{nmr}}}{C_{\mathrm{n1}}}\right)^4\left(\frac{\phi_{\mathrm{nmrm}}}{\phi_{\mathrm{nmrb}}}\right)^2 \tag{2-19}$$

式中，ϕ_{nmr}为核磁共振孔隙度；ϕ_{nmrm}为核磁共振自由可动流体饱和度；ϕ_{nmrb}为核磁共振束缚流体饱和度；C_{n1}为地区经验系数。

2.8.3.2 细粒沉积研究的应用

核磁共振测井技术是研究细粒沉积物的有效手段。细粒沉积物以粒度细小为关键特征，其构成了沉积岩的主体。随着以泥页岩、致密粉砂岩等为代表的非常规储层研究的兴起，细粒沉积物特殊的沉积方式、发育机理、力学与结构特征、特殊表征测试方法等成为沉积学、油气地质学领域的研究热点与难点。由于其低孔超低渗的物性特征，划分其可动流体部分在泥页岩储层评价中具有重要价值。

核磁共振测井可用来区分细粒沉积的可动流体。T_2 截止值是岩石孔隙中流体可动部分的下限值，一般位于 T_2 谱的两峰之间。T_2 大于 T_2 截止值的部分为可动流体部分，T_2 小于 T_2 截止值的部分为不可动流体部分。核磁共振测井一般采用 T_2 谱图形态经验判断法、岩性经验判断法、T_2 谱图几何均值法等。确定 T_2 截止值后，分别积分整个 T_2 谱图面积和大于 T_2 截止值部分面积，两者比值即为可动流体饱和度。

3 测井层序地层学分析

层序地层学在最近几年取得了突飞猛进的发展，由此也从根本上改变了地层对比的观念和原则，并建立起了一整套概念体系与技术支撑体系，对沉积学的发展影响深远。其思想精华表现为综合利用露头、岩心、测井和地震资料进行地层空间形态分析与准层序叠置样式研究。随着地质分析技术和勘探技术的不断发展，层序地层学正朝着高分辨率方向发展，地震资料的分辨率已远远不能满足实际需要，而测井资料由于其分辨率高、频带宽、高频成分多，在层序地层学中正得到越来越广泛和深入的应用。可以说，测井资料是进行高分辨率层序地层分析的基础，经过岩心刻度的测井数据可以极大地提高层序地层分析的准确性与可信度。任何事物都有其两面性，测井资料也存在着片面性和多解性，不可避免地影响到分析结果。在实际工作中应扬长避短，即在进行层序地层分析时，应该充分利用测井资料高频组分多、分辨率高的特点，通过测井分析准确划分小规模旋回及界面，如准层序、准层序组等。而对大规模旋回如层序、超层序、巨层序界面则应该更多的借鉴地质和地震分析，只有综合应用各种资料，才能得出最为合理的解释结果。

本章将重点论述测井层序地层分析的原理、方法和应用实例。

3.1 层序地层学原理

层序地层学是在沉积学、地震地层学的基础上发展起来，研究以不整合面或与之相对应的整合面为界，具有成因联系的地层间相互关联的地层学分支。

3.1.1 层序

层序是一套以不整合或与其可对比的整合为界的、相对整合的、彼此有成因联系的地层组成（Mitchum，1977）。体系域、准层序组和准层序都是层序的地层单元。

3.1.2 体系域

体系域是一个连续的同期沉积体系的组合。测井层序地层框架建立的基础是对准层序组的识别和体系域的分析。

低位体系域发育于可容纳空间的快速减小至加速增大之前。在自然伽马和自然电位曲线上，盆底扇呈光滑箱形显示，上、下界面处测井曲线发生突变；斜坡扇呈齿状，上部具有向上变细的钟形特征；低位进积复合体呈齿状漏斗形。在地层倾角测井矢量图上，低位体系域一般以杂乱的白模式为特征，晚期可能出现绿模式或红模式，反映出快速堆积的沉积环境。低位体系域的顶界是初次海（湖）泛面，底界是层序界面。

水进体系域发育于可容纳空间加速增大至最大增长速率之间。随着可容纳空间的不断增大，盆地内的沉积物供应逐渐减少，沉积物几乎全部被保存在不断上超的岸线附近，准层序组以退积型叠加。在自然伽马和自然电位曲线上，水进体系域呈齿状钟形。在地层倾角测井矢量图上，一般为红模式，反映向上变细的沉积环境，水进体系域的顶界是最大海（湖）泛面。

高位体系域发育于可容纳空间增长速率最大至增长停止或开始减小之间。随着可容纳空间增长速率的减小，准层序组将由退积型转变为进积型，沉积物不断向盆地进积。在自然伽马和自然电位曲线上，高位体系域呈齿状箱形、齿状漏斗形。在地层倾角测井矢量图上，一般为绿模式或蓝模式，反映向上变粗的沉积环境，高位体系域的顶界是层序界面。

3.1.3 准层序组

准层序组是具有清晰叠加模式的一组有成因联系的准层序序列，一般以明显的海水洪泛面或其他相关界面所界定（van Wagoner 等，1990）。

根据沉积物堆积速率和可容纳空间增长速率，准层序组内准层序的叠加模式可分为进积型、退积型和加积型三种（van Wagoner，1985）。图 3-1 示意性地说明了这些叠加模式及其测井响应。

在进积型准层序组中，更年轻的准层序向盆地更深处沉积，总体上沉积速率大于可容纳空间增长速率。在测井响应中，对应于自然电位曲线的厚层复合箱形、漏斗形特征。

在退积型准层序组中，沉积物堆积速率小于可容纳空间增长速率，准层序以后退的方式向更远的陆地方向沉积。在自然电位曲线上，每个准层序对应于箱形—漏斗形特征或漏斗形。

在加积型准层序组中，沉积物堆积速率与可容纳空间增长速率基本持平，相邻准层序之间整体以垂向叠加为主，没有明显的沉积岩侧向移动，每个层序的自然电位曲线有很好的相似性。

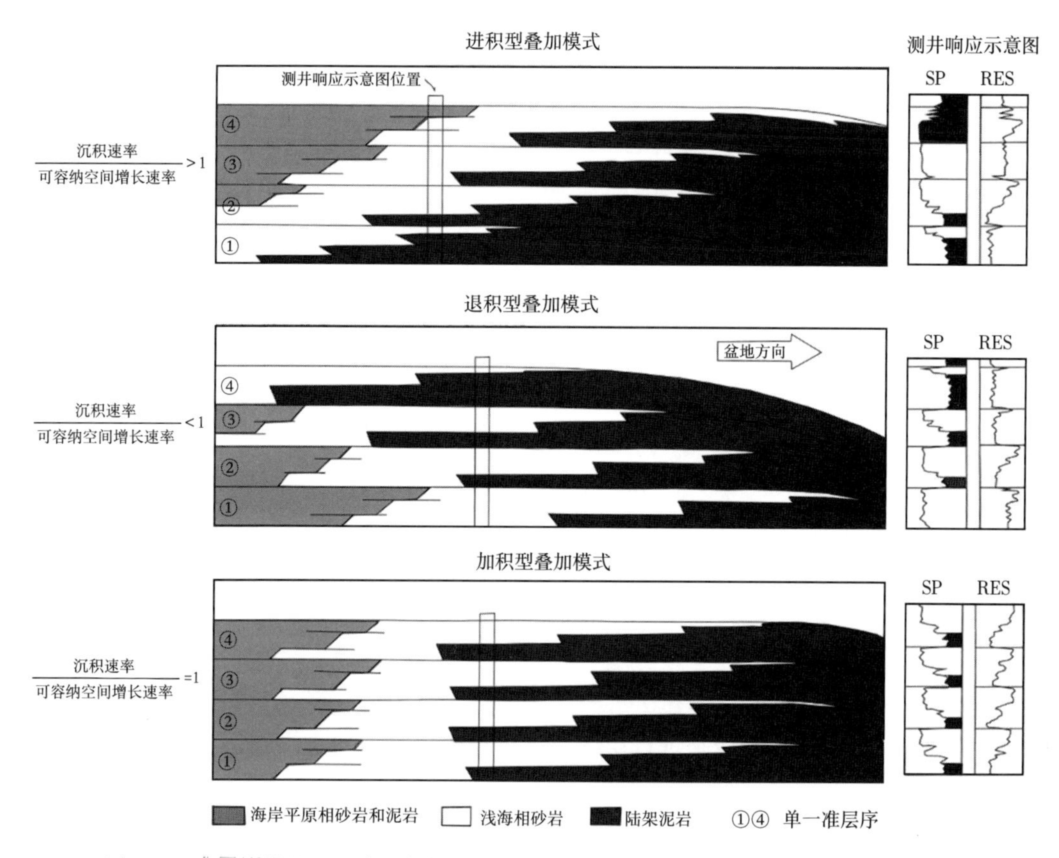

图 3-1 准层序组的准层序叠加模式、横截面和测井响应（据 van Wagoner 等，1990）

3.1.4 准层序

准层序定义为一套以海（湖）泛面或者与之可以对比的界面为界、相对整合、彼此有成因联系的地层或地层组。在层序的特殊位置中，准层序界面可以在层序界面之上或之下。在测井曲线及岩性剖面上准层序界面具有岩层厚度突变、岩性突变、测井值突然改变等特点。

3.1.5 沉积旋回、基准面和可容纳空间与沉积物供给比值

地质研究证明，沉积地层具有旋回性。根据沉积岩物性变化的特点，可将地层层系划分为几种基本类型：正旋回（水进型）、反旋回（水退型）、正—反旋回（水进—水退型）、反—正旋回（水退—水进型）。

基准面是假设的沉积平衡界面，是一个上下振动且横向摆动的抽象等势面。在一个沉积能量、沉积物质被保存的封闭地层系统中，代表沉积能量最小的面。是一个不发生沉积作用，也不发生剥蚀作用，沉积能量不发生变化的抽象面。

在地层的沉积演化过程中，可容纳空间与沉积物供给比值（A/S）决定了沉积物的保存程度、地层堆积样式。当$A/S>1$时，地层发生退积；当A/S近似等于1时，地层发生加积；当$A/S<1$时，地层发生进积。层序地层与沉积作用有关，测井层序分析必须具体到反映沉积参数的测井方法上，并在测井资料中提取出反应沉积旋回、基准面变化和A/S的参数。根据参数的变化，综合其他信息进行层序地层的分析。

3.2 测井层序地层分析基础

3.2.1 常用测井曲线及曲线形态

3.2.1.1 常用测井曲线

（1）自然伽马曲线。自然伽马曲线是层序地层分析最有用的测井曲线之一，它测量岩石的放射性，一般是黏土矿物含量的直接函数，也是粒度和沉积能量的函数。在层序地层分析过程中，自然伽马曲线可以用来推断沉积能量的变化，并根据其与粒度的关系来划分各级层序界面。自然伽马曲线是进行层序分析所需的基本测井曲线之一。

（2）声波曲线。声波的传播时间与地层孔隙度、岩性有关，泥页岩一般比砂岩传播更慢，因此声波曲线可以作为粒度指标。需要注意的是，声波曲线在砂岩和泥岩之间的差异并不明显，在层序地层分析中比较适合作为辅助曲线。

（3）自然电位曲线。自然电位测量地层与地面之间的电位差，对渗透率较为敏感。在同一岩性体内部，可以划分出渗透与非渗透的趋势带。该曲线确定的泥岩基线对层序的分析比较有用。

（4）密度曲线和中子曲线。密度测井、中子测井曲线是最好的岩性指标之一，可以和其他测井曲线一起研究岩性和沉积趋势，是进行层序地层研究不可缺少的曲线组合。纯碳酸盐岩的两条曲线十分接近，纯砂岩曲线则稍有分开。密度曲线和中子曲线的交会图可以清晰地反应各种沉积岩粒度的变化，在层序地层的研究中十分有用。密度测井、中子测井同自然伽马测井一样，可以用来判断沉积趋势。密度—中子曲线是识别准层序及更小旋回的重要参考曲线。

（5）电阻率曲线。普通电阻率测井测量岩石的总电阻率。高孔隙度的岩石通常具有较低的电阻率。在流体性质相同的地层中，电阻率曲线是很好的岩性趋势指标。在具有相似泥岩或砂岩的层序内部，电阻率曲线是很好的对比工具。电阻率的分辨率（微电阻率测井）较高，可以提供小层规模的层序单元信息。

3.2.1.2 常用曲线形态

测井曲线的形态相当于沉积能量趋势。测井曲线的形态主要是观察测井曲线平均读数的变化，或观察砂岩和泥岩基线的偏移。常见的曲线形态有反旋回形（漏斗形）、正旋回形（钟形）、箱形和弓形。

（1）反旋回形。以自然伽马曲线为例，反旋回整体为漏斗形，表示自然伽马值向上逐渐减小，代表黏土矿物含量向上逐渐降低。这既是岩性渐变，又是低于测井方法分辨率的砂泥岩薄互层比例逐渐变化。

在浅海环境中，由于沉积能量向上增强，水体向上变浅和粒度向上变粗，反旋回形通常与岩性自富含泥到不含泥过渡有关。如图 3-2 所示，岩心资料表明这段曲线形态对应于

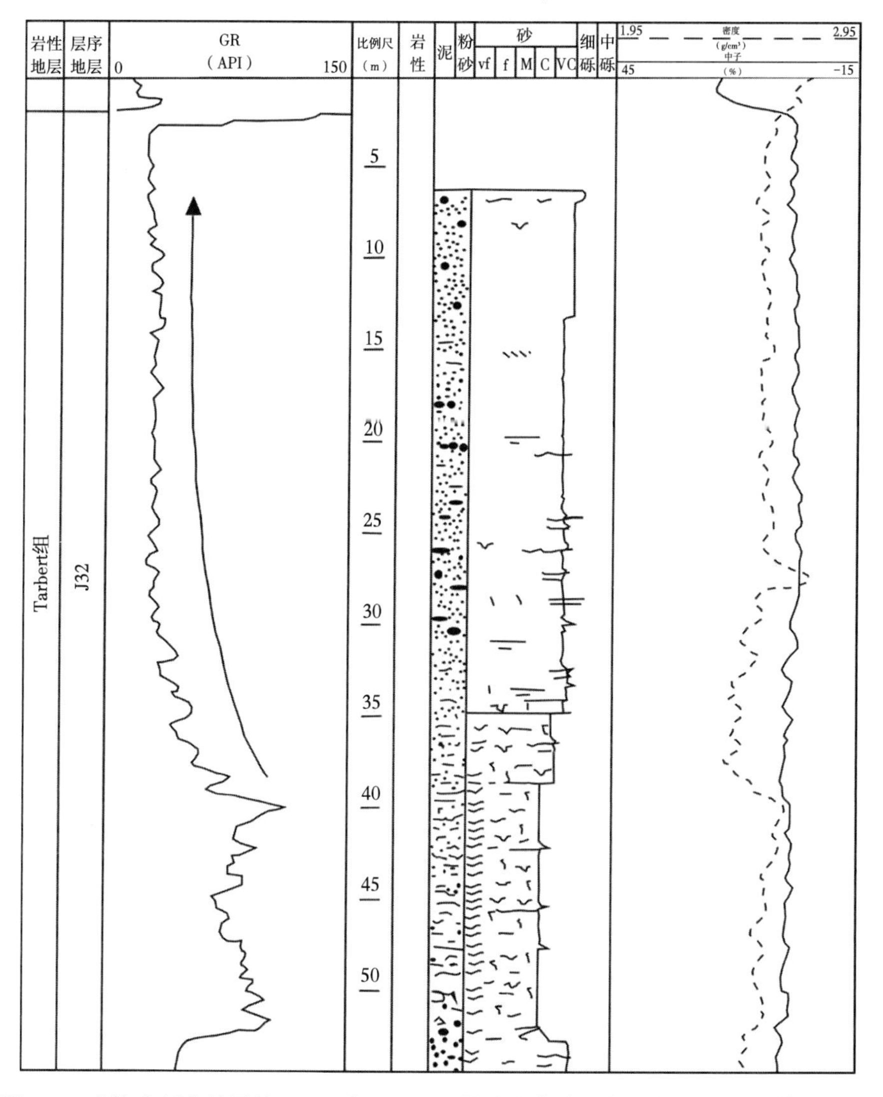

图 3-2 北海中部中侏罗统 Brent 群 Tarbert 组漏斗形曲线形态（据 Mitchener 等，1992）

粒度向上变粗和沉积环境向上变浅。在深海环境中，漏斗形曲线形态通常被视为一个较对称的弓形的一部分，它与薄层浊积岩的砂岩百分含量增大有关。漏斗形曲线也可能是由于自碎屑沉积渐变为碳酸盐岩沉积。这与沉积体系向上变浅或进积作用无必然联系。

（2）正旋回形。正旋回形整体为钟形，自然伽马值向上逐渐增大，与黏土矿物含量向上逐渐增加有关（图 3-3）。这可能是岩性变化或砂泥岩薄互层单元中的砂层向上减薄所致。这二者均指示了沉积能量的减弱。

曲流河或潮汐水道沉积以向上变细为主，表明水道内流速向上降低，从而水体能量向上减弱。较大型向上变细单元常见于河流地层和河口湾充填中。河道沉积常具有底部滞留沉积。在浅海环境中，钟形曲线形态常常反映陆棚体系的后退或废弃，这导致水体向上变深和沉积能量向上减弱。较大型的浅海向上变细的单元，可能由较小的向上变粗的准层序叠置而成。在深海环境中，钟形曲线形态可能是由于薄层浊积岩中的砂岩百分含量减小的结果，可能记录了海底扇沉积作用的衰退。

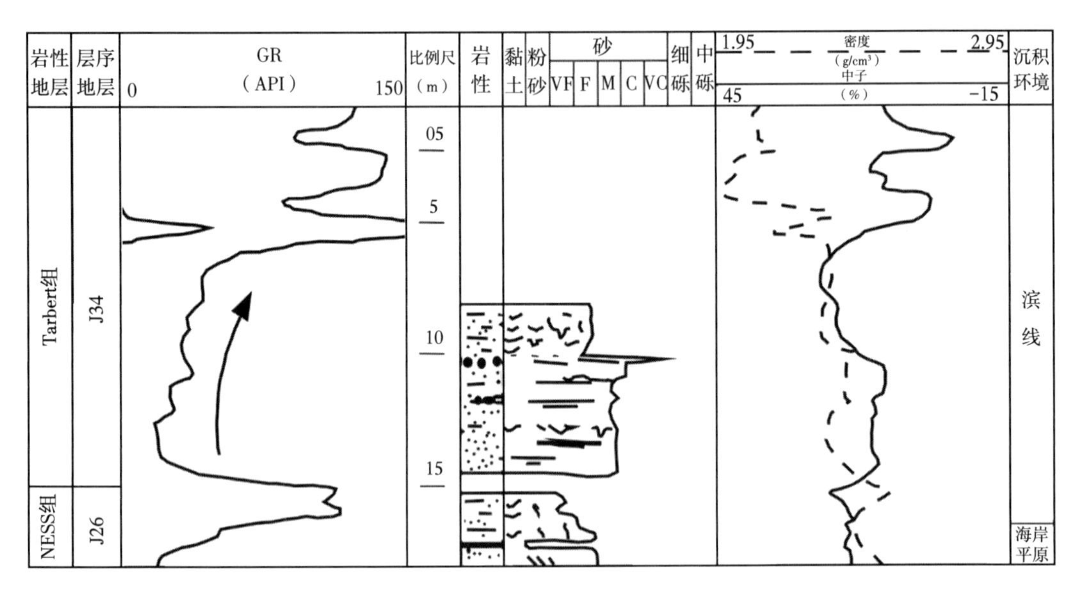

图 3-3　北海北部中侏罗统 Brent 群 Tarbert 组的钟形测井曲线形态（据 Mitchener 等，1992）

（3）箱形。箱形曲线是位于高自然伽马值背景之中的底部突变的低自然伽马值单元，具有内部相对恒定的自然伽马值，可能是大型的河道砂或浊积岩沉积。往往是大型的加积准层序组。箱形曲线是某些类型的河道砂、浊积岩和风成砂的典型特征。图 3-4 中的几个砂体单元可描述为箱形砂体，J64 单元具有箱形特征。

浊积岩的箱形曲线厚度通常比河道砂岩的箱形曲线厚度大。在浊积岩中常可识别出箱形砂体向上变厚或向上变薄趋势。浅海砂体可能因断层作用而削蚀底部，或因相对海平面

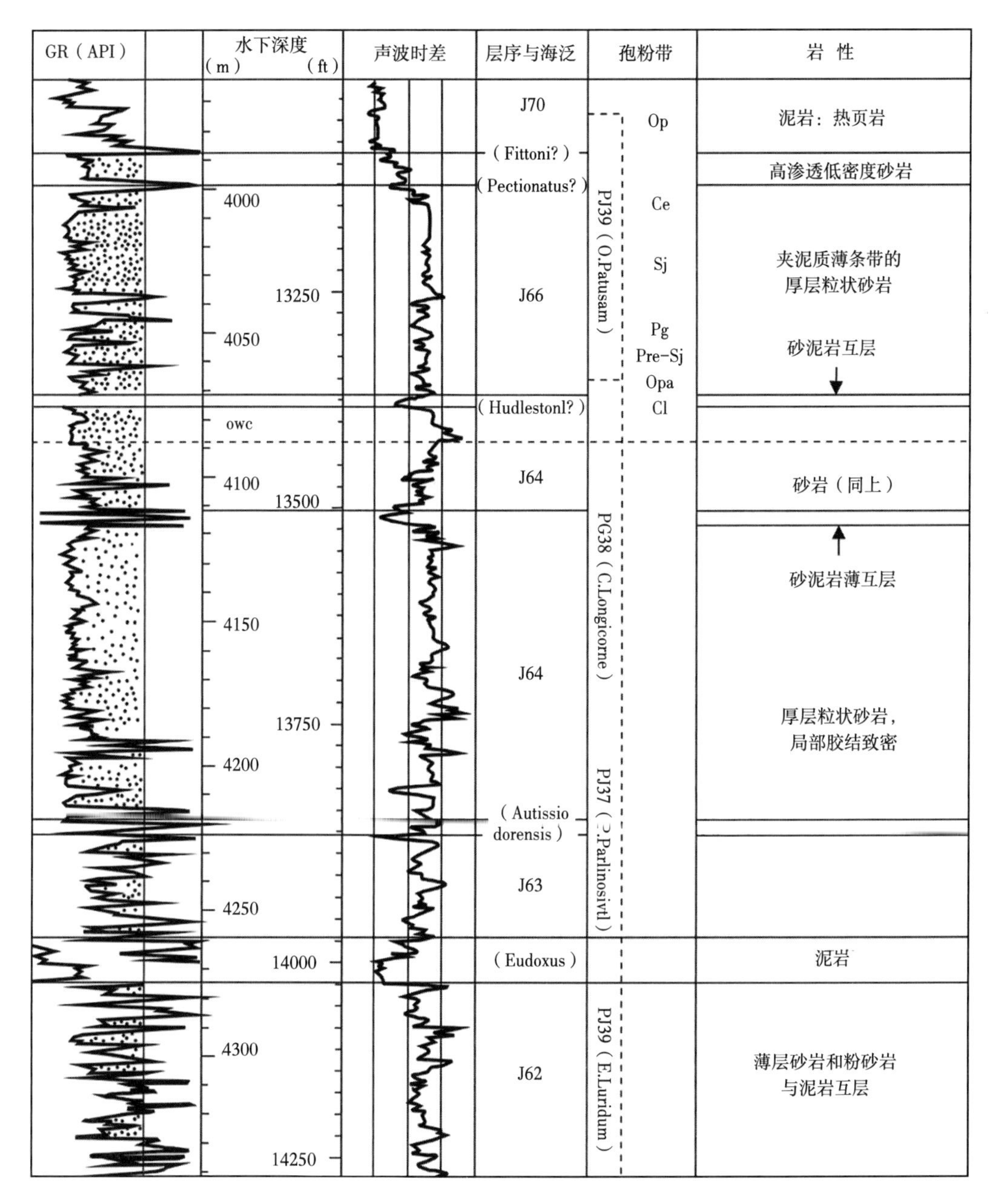

图 3-4 北海中部 Miller 油田晚侏罗世浊积砂岩（据 Garland，1993）

OWC—油水界面；SST—砂岩；MDST—泥岩

下降出现底部突变，这些砂体可能具有箱形形态。此外，蒸发岩在自然伽马曲线上也经常具有箱形响应。

（4）弓形。弓形曲线包括一个漏斗形曲线和一个厚度相近的上覆钟形曲线，二者之间无突然间断。盆地环境的沉积物受基准面变化的影响小，弓形曲线通常是盆地环境中碎屑沉积速率的增大和减小的结果。

弓形曲线极少发育于浅海环境，因为这里由于基准面的影响，常常形成较厚的进积单元和较薄的海侵单元。

（5）不规则形。不规则形曲线形态在砂岩基线、页岩基线中均无对称变化。它们代表泥质或粉砂质岩性的加积作用，可能是陆棚或深水环境、湖相沉积序列或溢岸相，往往是小型加积准层序组的特征。

3.2.2 测井层序地层分析的优势

利用测井资料进行层序地层分析具有较高的分辨率，可以划分出层序地层学的大多数地层单元，如层序、准层序组、准层序、层组等。可以使地层的纵向划分和横向对比定量化。这对研究地层产状和宏观沉积特征具有极高的价值。在纵向上，通过使用测井资料可对全井段进行高精度、连续定量分析，反映垂向地层的堆叠形式。在地震资料建立的等时层序格架内进行测井准层序、体系域的识别，将会收到更好的效果。测井资料由于其自身的特点，在进行层序地层分析时具备两方面的优势。

（1）测井资料在纵向上有极高的分辨率。特别是高分辨率地层倾角资料可用于研究地层产状和沉积旋回特征。成像测井有更高的分辨率，可用于研究准层序内部岩性和沉积构造特征，分析各级层序单元内部的沉积属性。

（2）测井资料使地层的纵向划分和横向对比定量化。在纵向上，使用测井资料可高精度、连续、定量进行全井段层序地层分析；在横向上，测井曲线可以定量反映各级层序单元的特征，有利于横向层序地层等时对比。

3.2.3 测井层序地层分析的多解性

测井响应与沉积参数存在紧密的对应关系，也存在若干陷阱和多解性。层序边界和体系域在不同沉积部位具有不连续性，体系域往往是局部的。沉积盆地内部体系域的发育存在很大的差异性，个别地区存在体系域缺失，很难在每口井的测井资料中都识别出层序边界。如果层序边界与海侵面重合或位于海相凝缩段内，在测井曲线上也不能识别出层序边界。同时，测井曲线形态中的其他突变也有类似于层序边界的响应，如断层、滑塌和河道。在进行测井层序地层分析时，应该优先利用岩心刻度，充分利用测井、地震资料进行综合分析。

3.3 测井层序地层分析方法

3.3.1 常用分析方法

测井资料是进行高分辨率层序地层分析的重要依据。应用测井资料来划分层序地层的方法有很多种，目前比较通用的方法主要有时间序列分析、马尔科夫链旋回分析和频谱分析等。

3.3.1.1 时间序列分析

地质上的深度与地质时间有一定对应关系，对应于测井曲线的长期趋势。把测井数据看成是地质年代或深度的函数，采用多项式拟合，将其拟合成一个单调函数。对拟合函数进行微分运算，找出拐点也就等于找到了层序单元的分界点。拟合曲线的斜率变化可用来表征层序地层的旋回类型。

时间序列分析方法具有计算简单、形象直观的优点，适用于没有断层的地层剖面。这种方法不用考虑测井曲线频率信息，所得到的拟合曲线是地层不同趋势的总体反映，不适用于分析地层总体趋势的内部旋回。

3.3.1.2 马尔科夫链旋回分析

假设测井数据是一种随机过程，把某一岩层的沉积看成只与其下伏岩层沉积时的地质因素有关，而与其下伏岩层之下的岩层地质因素无关。这个假设满足了马尔科夫链分析条件，从而可以对测井数据进行马尔科夫链旋回分析。马尔科夫链旋回分析是一种统计预测方法，多适用于大级次旋回，它不考虑地层变化，只反映地层界面的转移趋势，属于半定量分析，不能准确划分各级层序。

3.3.1.3 频谱分析

测井资料是一系列等时的离散数据，也可以说是等距的，是地质信息随深度变化的反应。对测井资料进行信号分析，从中提取各种有用成分，是目前地质分析的重要手段，也是测井解释处理的基本方法。测井资料的信号分析方法有时间域分析（包括时域滤波、时域褶积）、频域分析（包括频域滤波及各种谱分析）、时频分析等。

通常意义的时频转换指时间域和频率域的变换。从信号分析可知，不论是确定信号还是随机信号，如果可以记录得到有限的记录信号，那么大多满足狄利赫利（傅里叶变换）条件，从而可以将其转换到频率域，根据信号的谱结构来识别信号特征。在频率域的振幅或功率谱图中，可以从另一个角度来分析测井曲线资料，认识许多时间域中的隐性信息。

若把时域与频域的分析结果综合利用，则可以取得提高分辨率、准确划分层序、高效利用测井资料等许多有用的效果。

测井信号是在深度域按等间距采样而获得的离散信号，根据信号处理理论，可将其视为非平稳离散深度非周期信号。时域信号经过傅里叶变换（FFT）或小波变换后可得到与其相应的频率域响应。在这里，频率具有明确的物理意义，频率 F 等于周期 T 的倒数，即 $F=1/T$。在深度域中，频率对应波数，即单位距离中波的周期数。这里的频率是一个相对概念，而不是绝对概念。由于测井曲线数据是离散的，可用 FFT 求得测井信号的离散近似谱。这样就可以建立起测井曲线的深度域及频率域的对应关系。通过数字谱分析找出主频、主频能量变化趋势，从而实现对信号的有效分析。

将深度域与时间域等价，可大致认为有 F（相对频率）$=1/H$（H 为地层厚度）的关系。但在测井信号频率域中，某一频率上的频率响应不仅包含了某些地层信息，而且也包含了许多地层界面信息。关于 $F=1/H$ 的假设不是十分准确，但也可从中得到启示：测井信号的频率响应中的高频信息是薄层信息和界面信息两者在频率域上的综合反映。测井曲线可以看成是地层真值经某一褶积滤波器滤波之后的输出。从总体上讲，这个滤波器大致相当于一个低通滤波器，经滤波后，地层真值中的高频信息被削弱，相应地这使得原有的薄层信息和界面信息减弱。这种近似在一定程度上也有其实用性。在利用测井资料进行层序地层的划分过程中，这种近似是必要的，也是十分有用的。

常规测井曲线的频谱具有如下特征：

（1）测井信号低频部分幅度大，高频部分幅度较低。这表示测井信号中与低频信号对应的厚层信息较为丰富，与高频信号对应的薄层信息及界面信息较弱。由于高频测井信号的能量小，许多干扰信号在高频部分对测井信号会产生一定的影响。这给提高测井曲线纵向分辨率带来一些困难。

（2）低频段的幅度和功率衰减得很快，在频率不高处就降至一个很低的幅度。如果先将测井曲线的幅度谱做指数函数拟合，然后取一个幅度截止值作为刻度测井曲线频率特征的标准，如果拟合函数在大于某一频率以后幅度低于该截止值，则将该频率作为衡量测井曲线纵向分辨率的标准。

（3）同类测井曲线的频谱特征具有较大的相似性，这为提高同类测井曲线纵向分辨率提供了依据。如图 3－5 所示，M1A、R25A、RXA、R4A、RMA 分别表示微电位曲线、2.5m 电极距电阻率曲线、冲洗带电阻率曲线、4m 电极距曲线和中感应电阻率曲线的频率幅度谱。

通过对测井曲线频谱分析可以看到，在频率域中测井曲线的频谱特征分析也是认识和研究测井信号所包含的丰富信息的有力工具。

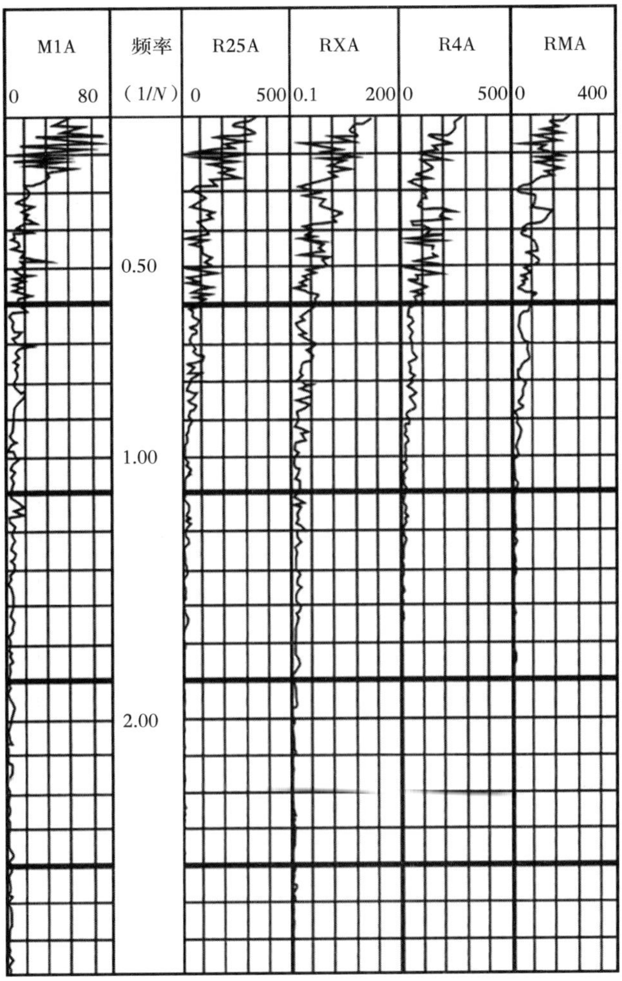

图 3-5 同类测井曲线频谱对比图

3.3.2 层序地层的界面特征及识别

3.3.2.1 各级界面特征及识别

层序地层分析的关键在于不同级别层序界面的识别。不同相态、不同类型的层序界面特征有较大差异，对应着不同的测井响应，具体可表现为不同的测井曲线幅度和频率特征。可以对测井资料进行必要分析，识别具有等时特征的层序界面、体系域界面、准层序界面。研究不同级次界面控制的层序单元，并分析其内部特征。层序界面和最大海（湖）泛面是层序地层学研究中两个重要的界面，是进行盆地级区域性层序地层等时性对比的关键界面。层序界面对应于侵蚀不整合面或无沉积间断面及其与之相对应的整合面，最大海（湖）泛面是划分海（湖）侵体系域和高位体系域的界面。层序界面特征一般比较复杂，在不同的沉积部位表现出不同的特征，并可以用不同的标志加以识别。

（1）层序边界。

层序边界形成于相对海（湖）平面下降，仅根据井资料通常难以识别。判定层序边界还需要识别不整合面。层序边界常常标志着进积的测井曲线形态，向上突变为加积和退积测井曲线形态。它是根据带有砂岩、页岩基线中的略有偏移的叠置方式的突变来判定的。确切的证据是在若干岩心中存在滞留沉积。层序边界位于测井曲线基值发生明显转变的转折点上。当层序界面为不整合面或较大沉积断面时，界面上下地层岩相和压实作用的差异性较大，其测井曲线的基值就会发生明显的改变。

Ⅰ型层序边界可能显示为突变成纯砂岩相，如上覆于远端陆棚准层序上的河流沉积，或上覆于远滨泥岩之上的顶积层地层。常用的测井曲线识别层序边界方法有自然电位和视电阻率曲线组合识别法、声波时差识别法、声波时差曲线和电阻率曲线叠合法、地层倾角测井法、砂泥比计算等。此外，层序地层单元及其在自然伽马能谱测井中也存在一些特征响应，如密集段多表现为高 K 值、高 U 值、高 Th 值和高 Th/ U 值。

图 3-6 所示的突变为砂岩的底面作为待定的层序边界，纯砂岩突然上覆于页岩之上。远滨砂岩覆盖在潟湖页岩之上。下部的层序边界在测井图上为向上突然变粗，在岩心中为

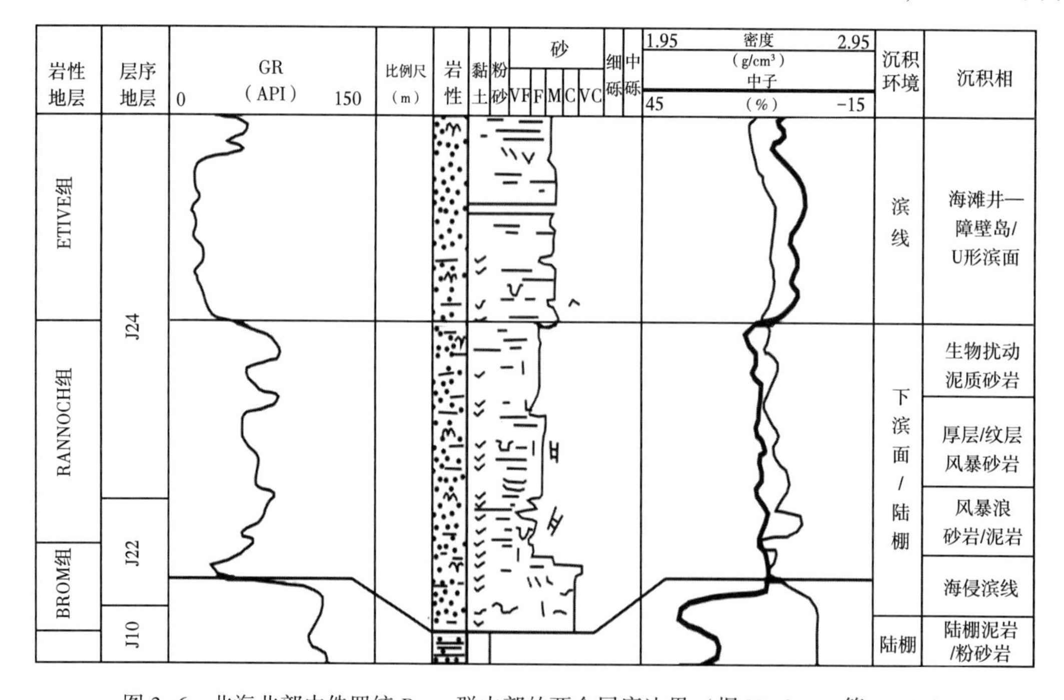

图 3-6 北海北部中侏罗统 Brent 群内部的两个层序边界（据 Mitchener 等，1992）

极粗粒到中砾海侵滩相覆盖在陆棚泥岩之上。第二个层序边界较模糊，但也标志着向上突然变粗及从受生物扰动的较低滨面砂岩向纯砂岩过渡。

仅根据测井资料，难以证实Ⅱ型层序边界（van Wagoner 等，1988）。van Wagoner 等（1988）认为，Ⅱ型层序边界可根据识别相对海平面上升的最小速率来推断，位于向上变薄准层序曲线形态与上覆向上变厚准层序曲线形态之间。

（2）最大海（湖）泛面。

最大海（湖）泛面可大致界定为位于退积单元与上覆进积单元之间的界面。通常为自然伽马极大值。最大海（湖）泛面侧向进入凝缩段。凝缩段的测井响应有自然伽马高峰、电阻率低凹、密度最大或最小值等。不是所有的自然伽马高峰都是最大海（湖）泛面，关键在于该界面是否位于退积段之上和进积段之下。

图 3-7 所示为进积旋回和退积旋回很发育的测井曲线，其中一些进积旋回和退积旋回由叠置的准层序组成，最大海（湖）泛面位于上覆进积式准层序组合与下伏退积式准层序组合之间。

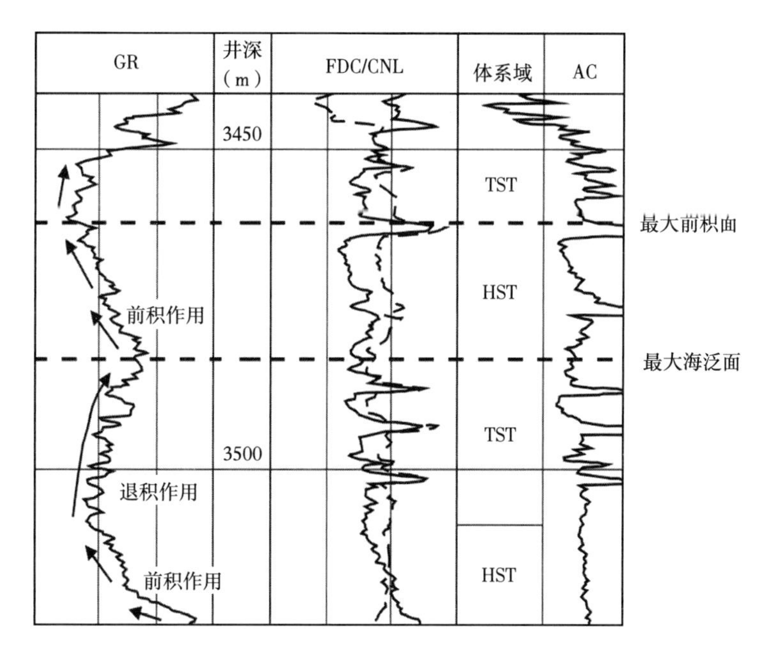

图 3-7　挪威海上 Ula 油田晚侏罗世储层的测井示意图（据 Connor 等，2011）

HST—高位体系域；TST—海侵体系域

（3）准层序界面。

准层序界面是小型沉积间断。海（湖）泛面作为准层序边界，反映了水深突然增加事件。海（湖）泛面识别要综合岩性突变，层厚增加或减少，冲刷与侵蚀，生物扰动增加或较少等情况。在三角洲前缘的远端或浅湖相与半深湖相过渡带的泥页岩、在三角洲前缘或浅湖相的生物富集层都是准层序边界的标志。规模相对较大的代表水深突然增加的岩相界面也可作为准层序划分界限。这类界面湖泊环境较为典型。在三角洲相带，由于形成准层序的湖泛规模较小，所造成的沉积物突变界面不易与环境变化所造成的岩相界面相区别。

颜色由下至上突然变深的较厚泥质沉积物分界面也可作为准层序界面。由于湖泛作用使得同一地点的水深突然增加，造成泥质沉积物颜色由浅变深，形成可识别的准层序界面。

判断准层序测井响应的准确性取决于对沉积相的准确判断。准层序内的岩性与厚度变化在常规测井中都有显示，不同的准层序组类型在测井曲线上的响应也有差异。最常见的测井响应是漏斗形（图 3-8）。在漏斗形内部，页岩含量向上减少，孔隙度和层厚可能向上增大。海（湖）泛面以泥质含量向上突然增加为特征，对应自然伽马值和自然电位值突然向上增大。图 3-8 所示为发育于北海北部中侏罗统 Ness 组中的一系列浅海准层序。岩

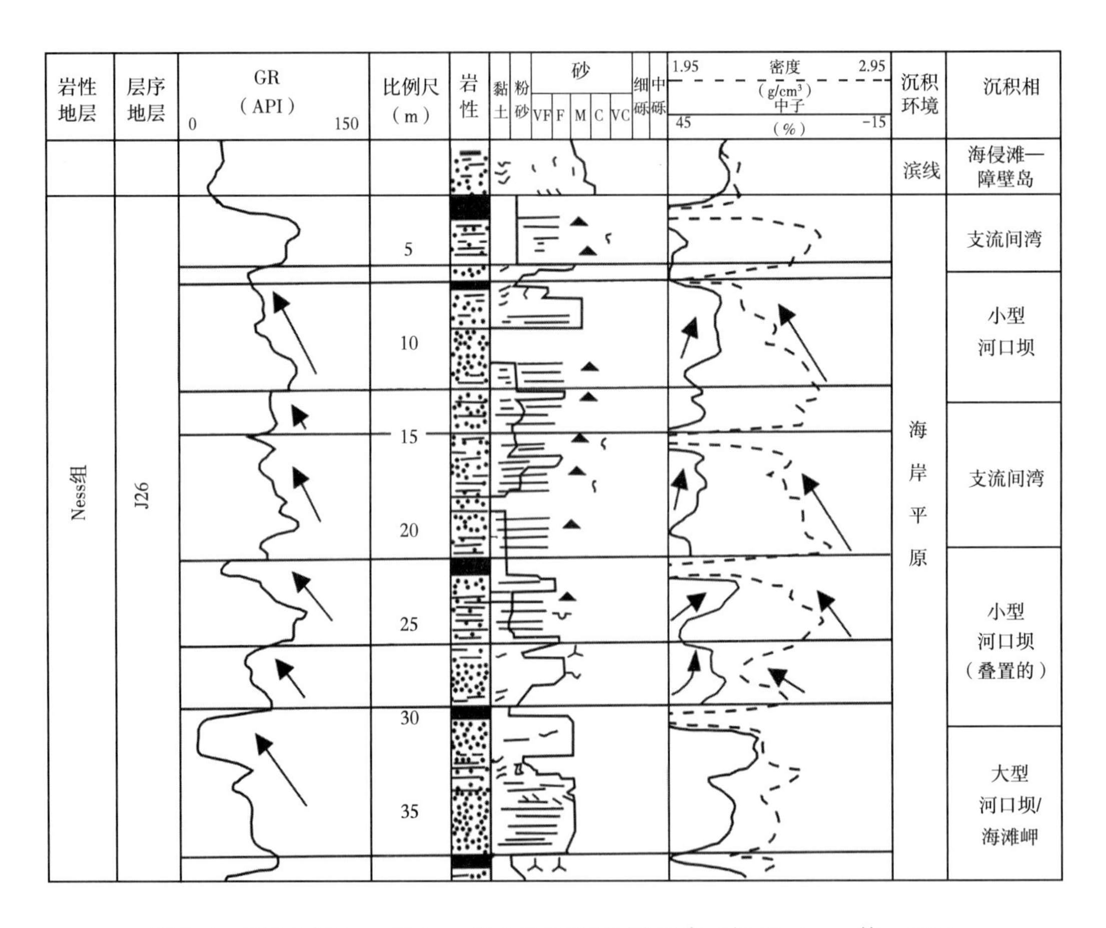

图 3-8　北海北部 Brent 群 Ness 组叠置的顶积层准层序（据 Mitchener 等，1992）

心中识别的准层序为规模 1~5m 厚的向上变浅旋回。在自然伽马曲线上，这个准层序为小型漏斗形单元，海（湖）泛面处自然伽马值向上突然增大。

3.3.2.2 体系域特征及识别

体系域是一组有成因联系的同期沉积体系，具有三维岩相组合。Ⅰ型沉积层序包含高位体系域、低位体系域和海侵体系域；Ⅱ型沉积层序包括海侵体系域、高位体系域和陆架边缘体系域。

Ⅰ型沉积层序的底部体系域被称为低位体系域。低位体系域是在相对海平面快速下降和之后缓慢上升阶段中形成的。当海面相对下降到退覆坡折处以下时，海岸线降落到陆坡上。河道将下切到原先沉积的顶积层，即早期层序的冲积平原、海岸平原和陆棚沉积之中。与上期层序的高位体系域时期相比，这个阶段的沉积负载比较大，并且以较高的砂泥比为特征，包括陆坡扇、楔、锥和海底扇。低位体系域中的低位扇是海相凝缩段所限定的扇体，可以与盆缘层序边界对比。低位前积楔为层序边界之上的前积单元，其上为最大前积面。低位楔中的顶积层准层序有向上地层增厚的趋势，表示相对海平面加速上升。在层序边界确定之后，根据测井资料上对准层序和准层序组的分析可以识别低位体系域。

沉积在Ⅰ型（或Ⅱ型）沉积层序最上部的体系域称为高位体系域。它反映了最大海泛面之后、层序边界之前进积的顶积层体系，此时可容纳空间增加的速率低于沉积物供应的速率。高位体系域早期发育加积结构，晚期发育进积结构。高位体系域以发育前积的三角洲富砂沉积体系为特征。高位体系域通常广泛分布在陆架上，以若干加积型准层序组和进积型准层序组为特征，上、下分别以层序边界和最大海泛面为界的盆缘前积单元。

Ⅰ型（或Ⅱ型）沉积层序内部中间的体系域被称为海侵体系域。海侵体系域沉积在相对海面上升、可容纳空间体积增加大于沉积物供应的时期发育。该体系域发育顶积层体系。最活跃的沉积体系是滨海沉积和陆棚沉积，以发育一个或多个退积型准层序组为特征。相对海面上升的最大速率出现在海侵体系域内部。海侵体系域末期，当顶积层可容纳空间体积增加或减小，并与沉积物供应相匹配时，进积再次出现，形成最大海泛面。海侵体系域沉积物经长距离搬运，可形成一套富含有机质的磷灰质页岩或藻灰岩的凝缩段沉积物。海侵体系域为退积型准层序组，其上以最大海泛面或与其相对应的凝缩段为界。

陆架边缘体系域是Ⅱ型层序最低部位的体系域。陆架边缘体系域由进积的顶积层组成。该体系域底部是进积结构，向上转为加积结构，最后转化为退积结构并向上过渡为海侵体系域。与高位体系域相反，陆架边缘体系域一般没有广泛分布的水道沉积覆盖。在露头和钻井资料中识别陆架边缘体系域非常困难。通过不整合面及准层序叠加模式的变化，可将陆架边缘体系域与上覆的海侵体系域区分开。陆棚沉积为上覆在Ⅱ型层序边界上，并以最大前积面为界的盆缘前积单元。仅根据测井资料，Ⅱ型层序边界和陆棚沉积难以识别。

3.3.3 测井层序地层分析的步骤

3.3.3.1 整体分析流程

（1）利用区域测井相模板和标志层（如煤层）初步分析总体沉积环境。

（2）使用岩心刻度测井，进行全区的沉积学分析。此步骤应综合利用地震资料、岩心资料、生物地层学资料等。

（3）根据测井曲线形态、频谱分析手段，划分各级层序地层单元的边界，重点识别最大海（湖）泛面和层序边界。用地震资料进一步验证解释结果。

（4）根据准层序的叠置方式，确定进积型、退积型和加积型准层序组，识别体系域。利用地震资料和岩心进一步证实解释结果。

（5）全区综合测井层序地层解释，分析海平面变化。利用合成地震记录与地震、生物地层、区域地质资料综合对比，建立全区层序地层格架。

3.3.3.2 单井分析步骤

单井上的层序地层分析是测井层序地层分析的基础，一般包括测井资料预处理、沉积旋回分析、沉积相分析、各级层序界面识别、单井层序格架的建立和验证等步骤。

（1）测井资料预处理。

包括曲线编辑、环境校正、深度校正、滤波及归一化等。环境校正指对井眼条件、钻井液侵入及仪器偏心等非地质因素的校正。深度校正是为了保证资料深度取齐，使各曲线反映的地层边界位置一致。滤波是为了尽量消除曲线上的毛刺、噪声干扰及其他原因造成的曲线抖动，可用小波变换方法完成。归一化是为了使各测井量的量纲统一。

（2）沉积旋回分析。

地层中包含着多级次的旋回，从冲刷面到盆地范围内的不整合都是沉积间断。分析不同级次的地层旋回，对层序单元的划分至关重要。常规旋回分析主要是对测井曲线形态、形状、幅度等变化趋势进行观察，定性分析旋回级次。也可选用马尔科夫链旋回分析和频谱分析识别旋回。

（3）沉积相分析。

沉积环境的解释需要利用测井曲线形态、地震资料、生物地层资料等综合进行分析。

（4）各级层序界面识别。

确定对比基准面，根据曲线形态识别凝缩段、海（湖）泛面和各级层序边界。根据准层序的叠置方式，识别不同体系域。

（5）单井层序格架的建立与验证。

将单井层序地层划分结果与岩心、地震资料相结合，验证层序单元划分的准确性。

3.4 测井层序地层学解释实例

以东部油田某凹陷为例。该凹陷基本形态表现为东陡西缓、东断西超，为一倾向东南、呈北东向展布的狭长箕状凹陷。研究目的层段为古近系沙河街组四段，发育陆相湖泊沉积。

3.4.1 层序识别

3.4.1.1 地震识别标志

通过研究区地震剖面图，共识别出3个层序界面（图3-9）。其中SB1对应S42反射层，在C1井区附近表现为下部地层削蚀，上部地层上超；C2井区附近表现为下部地层削蚀。SB2对应S41反射层，在C3井区附近表现为上部地层上超，下部地层削蚀；C4井区附近表现为下部地层削蚀。SB3对应S33反射层，在C5井区附近表现为上部地层上超。

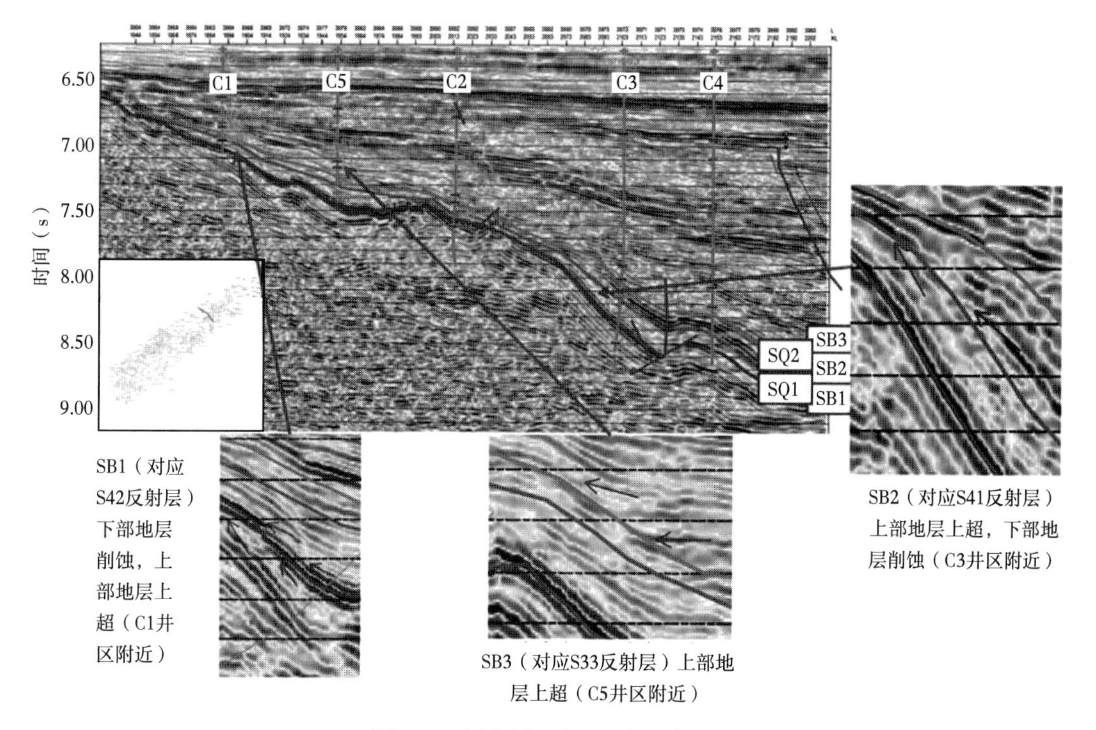

图3-9 层序界面的地震剖面标志

3.4.1.2 测井识别标志

在C7井测井曲线图中存在测井曲线形态突变；C9井中岩性突变处测井曲线也发生明显形态变化，表明存在冲刷面（图3-10）。

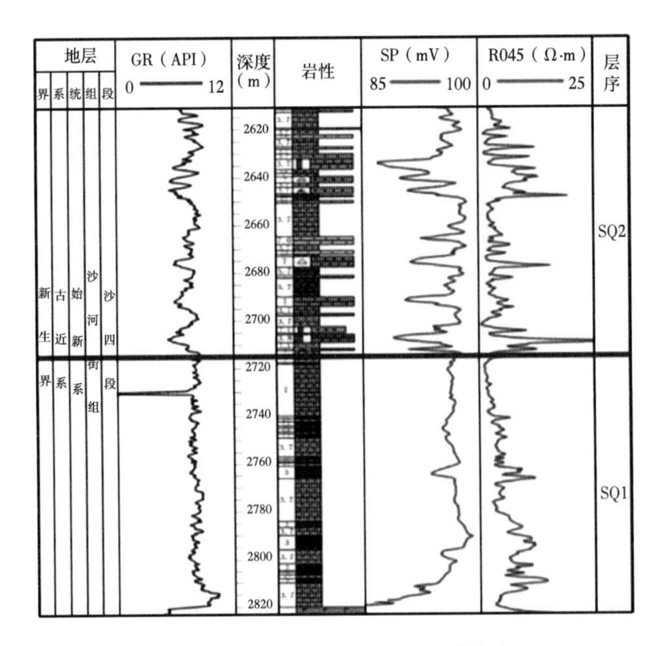

（a）C7井电测解释图，表现出测井形态突变

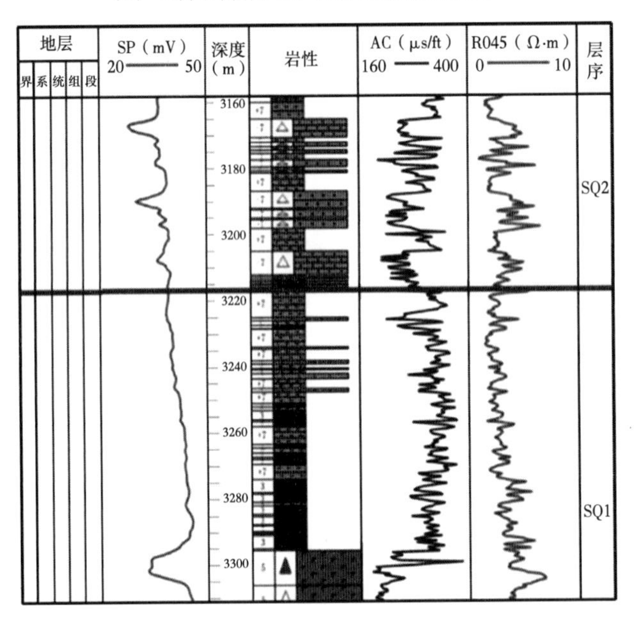

（b）C9井电测解释图，岩性突变

图3-10 C7井和C9井电测曲线图

3.4.1.3 层序界面的 ΔlogR 值划分

ΔlogR 方法是一种利用测井资料识别和计算含有机质岩层总有机质碳的方法。该方法通过电阻率曲线和声波时差曲线计算 ΔlogR 值。ΔlogR 值与层序地层也存在密切的关系，层序边界对应于 ΔlogR 低值段，CS（凝缩段）段对应于 ΔlogR 高值段，其高峰位置多为层序中最大湖泛面的位置。利用声波时差—电阻率测井曲线交会图中的 ΔlogR 值，在 C11 井中共识别出 4 个层序界面（图 3-11）。

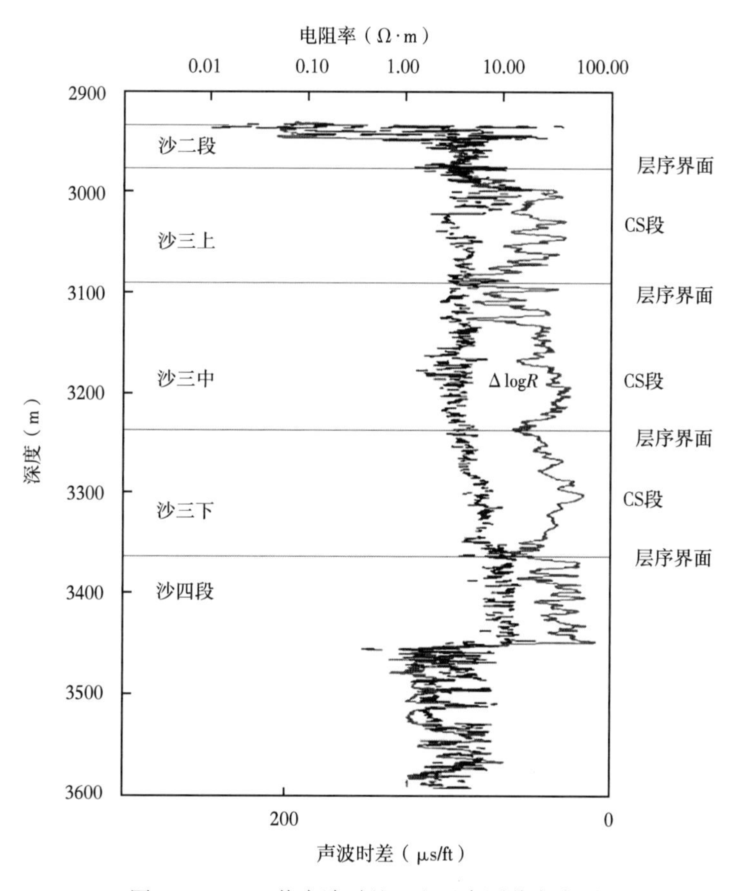

图 3-11 C11 井声波时差—电阻率测井交会图

3.4.2 体系域识别

TST（湖侵体系域）与 HST（高位体系域）界线为最大湖泛面，一般位于泥岩中段，对应自然伽马高值。界面之下发育泥岩，自然电位曲线靠近泥岩基线，砂地比低；界面之上以地层加积为主。

LST（低位体系域）与 TST 界线为初次湖泛面，泥岩含量陡然增加，自然伽马曲线幅值突然升高。界面之下自然伽马、自然电位曲线呈低幅齿形、齿化漏斗形，砂岩含量较高；界面之上以泥岩为主，自然伽马、自然电位曲线靠近泥岩基线。据此特征，在 C7 井中识别出一个最大湖泛面和一个初次湖泛面（图 3-12）。

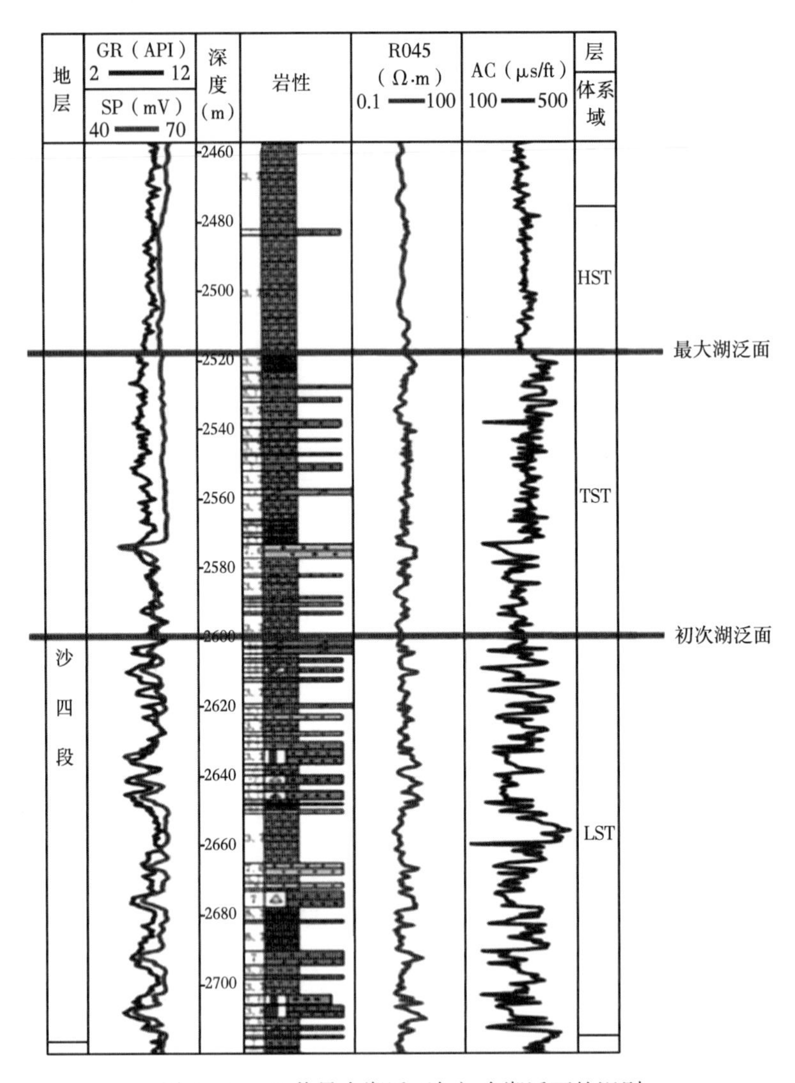

图 3-12　C7 井最大湖泛面与初次湖泛面的识别

3.4.3　准层序组识别

在 C12 井中识别出退积型准层序组，在 C13 井中识别出加积型到弱进积型准层序组（图 3-13）。

3.4.4　准层序识别

准层序是层序地层分析中最基本的沉积单元，准层序沉积厚度一般为几米到几十米。准层序是一个向上沉积水体不断变浅的序列。在东部油田某凹陷 C7 井中共识别出 8 个准

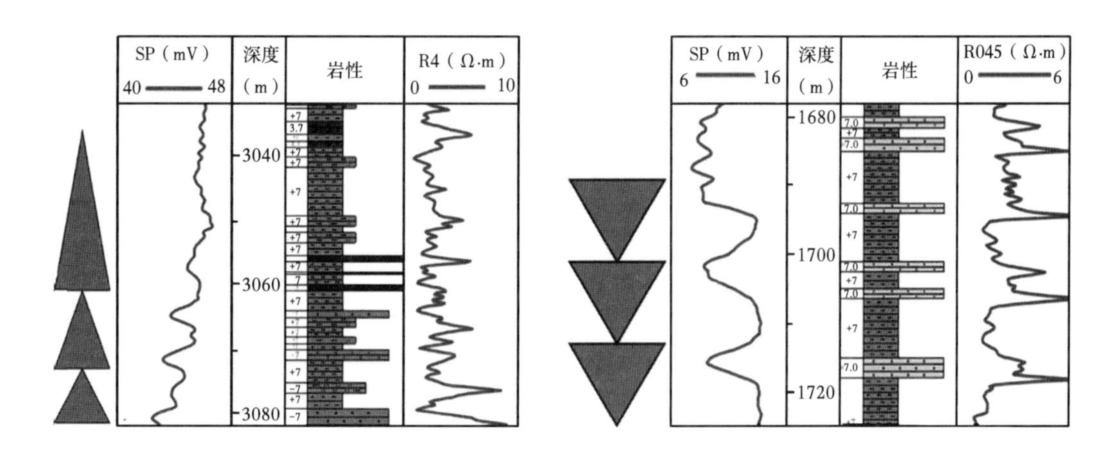

图 3-13　C12 井退积型准层序组及 C13 井加积到进积式准层序组

层序界面、9 个准层序组（图 3-14）。

对该地区所有的骨干井进行层序、体系域、准层序组的连井剖面对比，就建立了全区的层序地层等时格架。

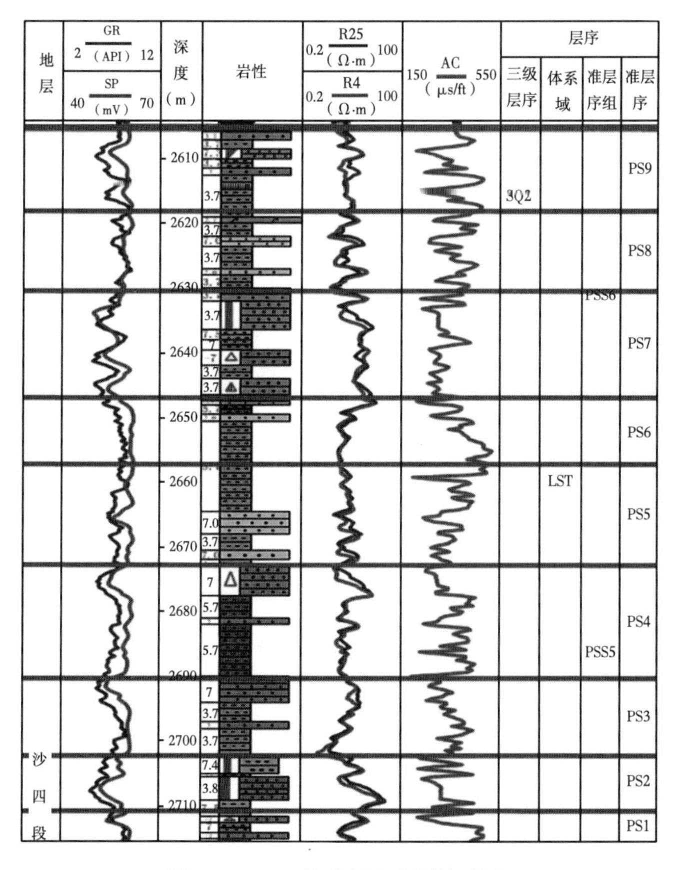

图 3-14　C7 井准层序识别与划分

4　测井旋回地层学分析

旋回地层学发展至今，在测年、地层沉积规律、气候研究、常用周期等方面得到了广泛应用，形成了以数据预处理、频谱分析、时频分析、滤波、调谐等步骤为体系的处理方法。旋回地层学分析的一个主要数据来源就是测井数据。本章重点阐述测井旋回地层学分析的原理、方法和实例。

4.1　旋回地层学原理

旋回地层学是以米兰科维奇理论为基础的一门新兴地层学分支，1988 年，Fischer 等在意大利召开的专业学术会议上首次提到："旋回地层学是受地球轨道周期性变化控制形成的关于地层序列的地层学分支。其中，米兰科维奇旋回序列是旋回地层研究的重点。" 2004 年，Hilgen 等正式将旋回地层学定义为对地层记录的周期性旋回进行识别、描述、对比和成因解释，并将其应用于地质年代学中，以提高年代地层框架的精度和分辨率。该理论主要是从全球尺度上研究太阳辐射量与地球气候之间的关系。太阳系各星体对地球的万有引力，导致了地球轨道的偏心率、斜率和岁差存在一定周期性变化（图 4-1）。这种周期性变化使地球表面接受的日照量也呈周期性变化，驱动地球表层气候周期性波动，最终使沉积地层具有韵律性的旋回（图 4-2）。地层中由地球轨道驱动力造成的旋回性记录称为米兰科维奇旋回。

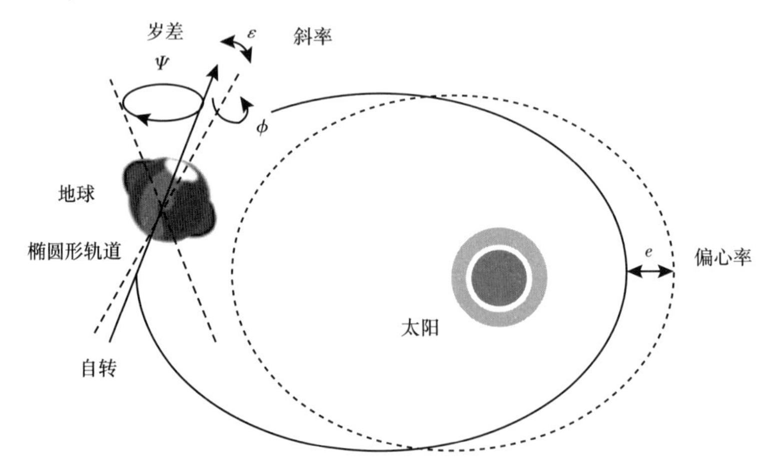

图 4-1　地球轨道参数变化示意图（据 Hinnove、Ogg，2007）

4.1.1 主要旋回周期

4.1.1.1 地球轨道离心率

地球轨道离心率的改变主要是受到木星和土星不同引力的交互作用影响。地球轨道是椭圆形的，而离心率是表征椭圆形与圆形的偏差。地球轨道的形状是从接近圆形（低离心率的0.005）到轻度的椭圆形（高离心率的0.058），平均离心率为0.028，这些变化的主要周期是413ka（离心率改变±0.012）。其他较主要的周期是95ka和125ka。

4.1.1.2 地轴倾角

地球的转轴倾角是地球的转轴相对于轨道平面的角度。角度变化的范围是0~2.4°，

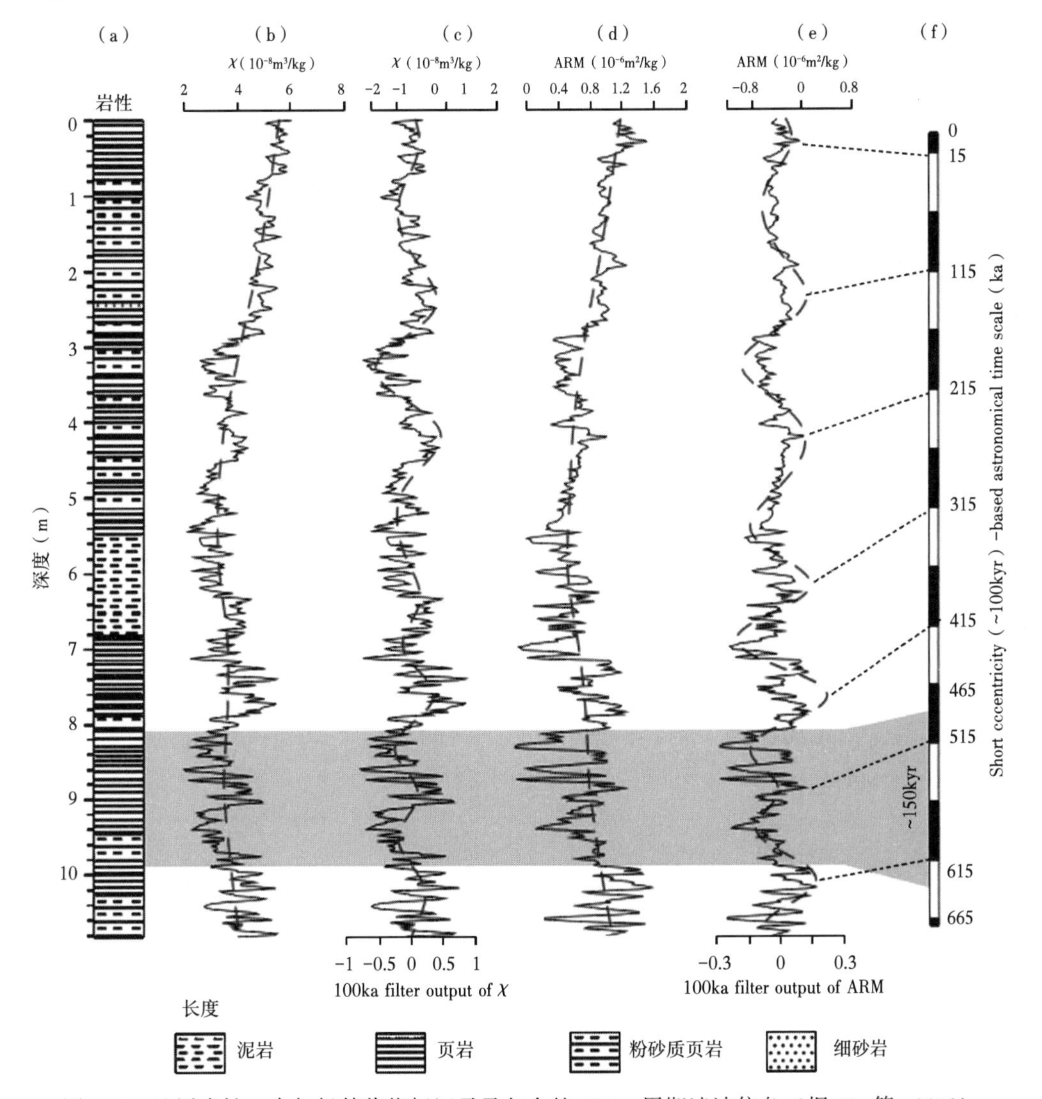

图4-2 地层岩性、古气候替代指标记录及包含的100ka周期滤波信息（据Wu等，2013）

在大约 41ka 的周期内从倾斜 22.1°缓慢地变化至 24.5°再复原。当倾角增加时，日照在季节周期上的振幅也增加，在两个半球的夏季都会接收到更多的太阳辐射通量，而冬季的辐射通量减少。

4.1.1.3 岁差

地球自转轴的方向相对于恒星的变化称为进动，即岁差，周期大约是 26ka。当自转轴的方向在轨道的近日点朝向太阳时，一个半球的季节有着较大的变化，而另一半球的季节变化较为温和。在近日点时是夏季的半球，接收到的太阳辐射会相对应的增加。这个半球在冬季也会相对较为寒冷；另一个半球会有较温暖的冬季。

4.1.2 旋回特征及应用

地球轨道偏心率、斜率和岁差呈准周期性变化，其近 10Ma（百万年）来的地球轨道参数信息及频谱特征如图 4-3 所示，从各参数信息的频谱分析中可看出每个参数存在若干

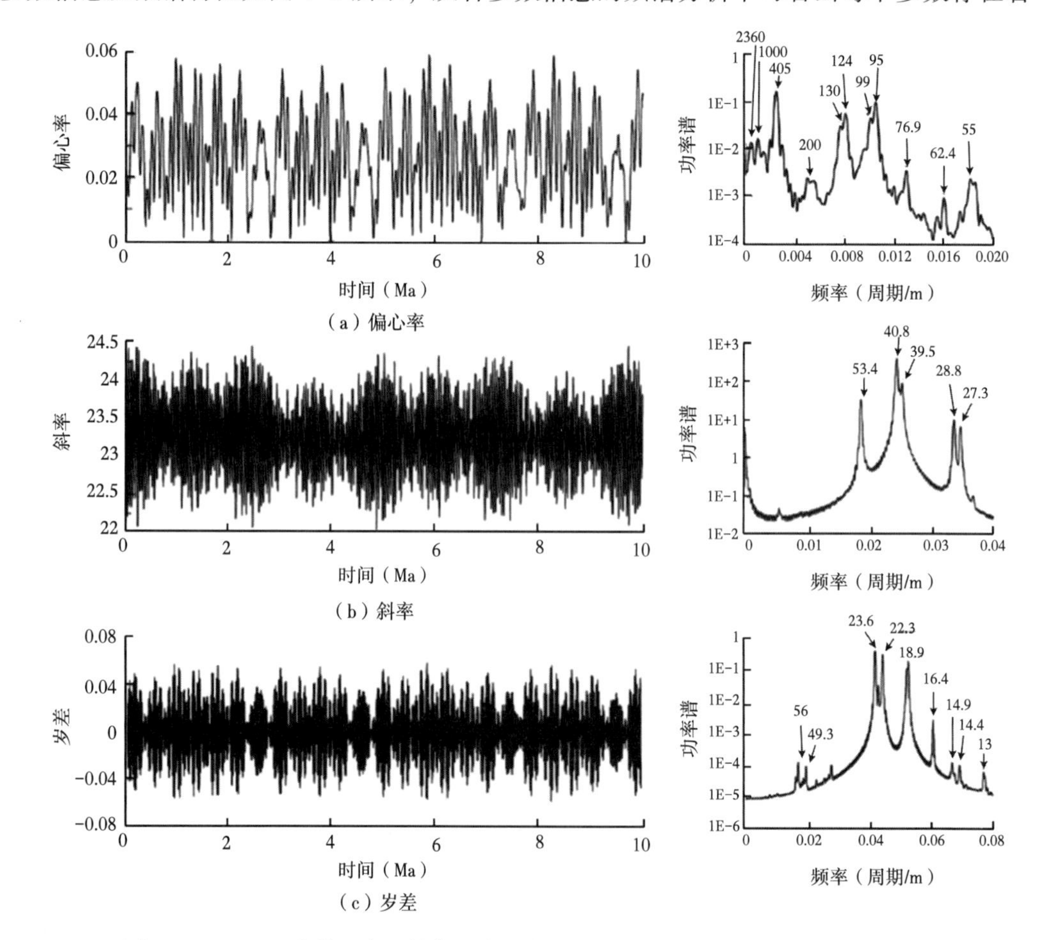

图 4-3 10Ma 以来偏心率、斜率、岁差变化曲线与主要周期（据吴怀春，2011）

主要周期。

地球轨道参数的变化导致地球表面接收到的太阳日照量发生周期性变化，并引起气候的周期性变化。日照量变化会改变大气环流的位置，使气候带发生移动，而气候又进一步直接或间接地控制风化作用、搬运作用和沉积作用。在野外露头或岩心上进行长序列采样时，对样品要求低、测量快的测井数据和岩心数据通常被用作古气候替代指标。分析得到的频率信息包含了轨道偏心率、地轴斜率和岁差的所有频率信息。

旋回地层学成为一个重要的测年工具（图 4-4），可以辅助深刻认识地层沉积规律。通过对地层记录的旋回地层学分析，计算出各天文周期对应的沉积速率，获得不同时期沉积速率的演化规律，为分析盆地沉积演化和沉积物的分布规律奠定了基础。通过米兰科维奇的地球轨道理论的建立，确认了地球轨道周期在以冰期旋回为主要特征的全球气候变化过程中的首选性和规律性。

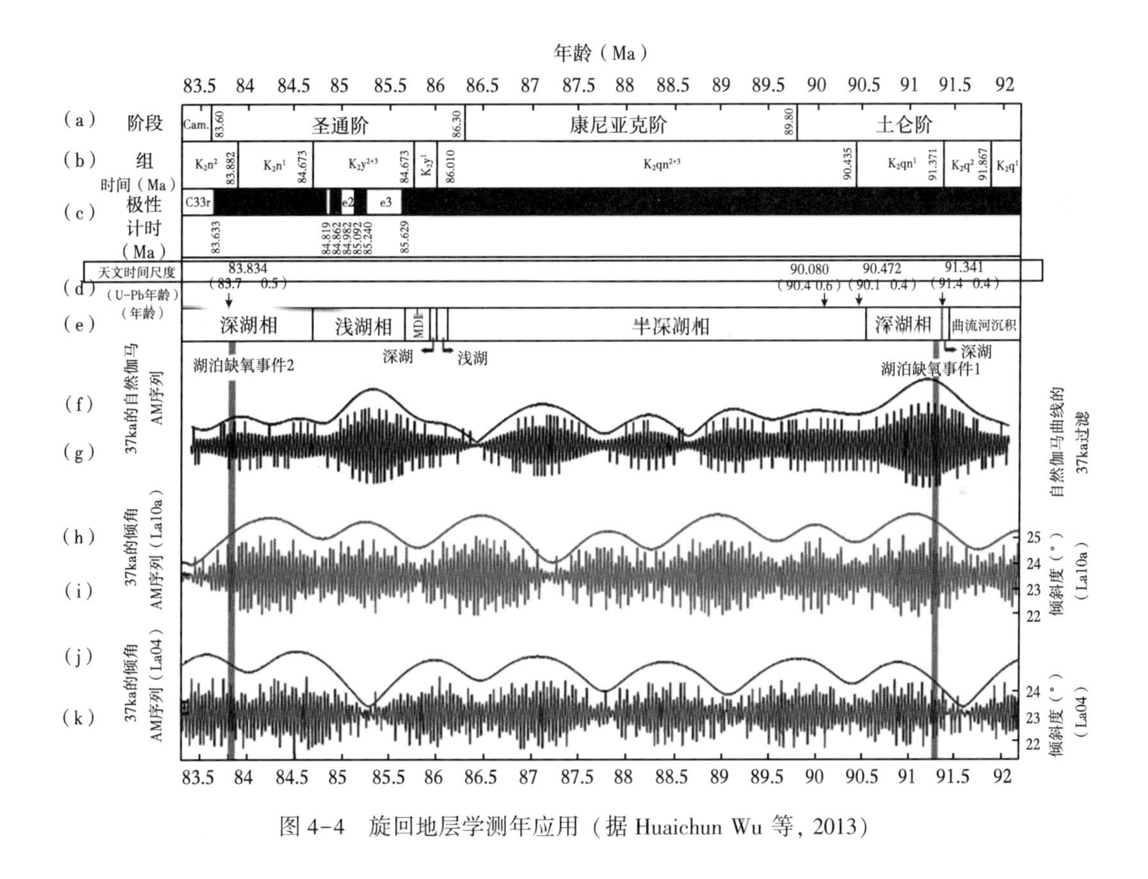

图 4-4 旋回地层学测年应用（据 Huaichun Wu 等，2013）

新生代以来，天文周期比较稳定，长偏心率周期为 400ka 左右，短偏心率周期为 100ka 左右，地轴斜率周期为 40ka 左右，岁差周期为 20ka 左右。常用的周期为 100ka、40ka 和 20ka（图 4-5）。

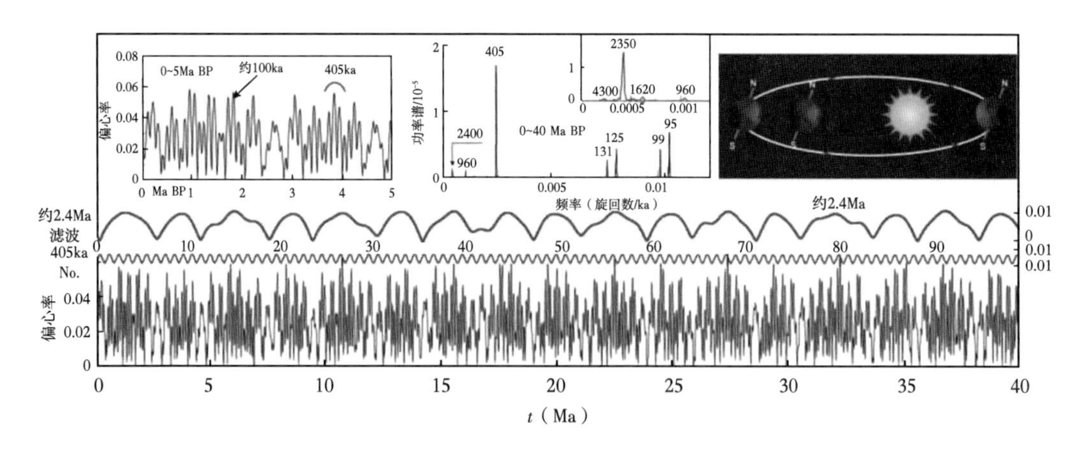

图 4-5　利用 La2004 标准模型计算的过去 40Ma 地球轨道参数偏心率、斜率、岁差周期的变化及其轨道运行示意图（据黄春菊，2014）

4.2　旋回地层与层序地层关系

层序地层学强调多种因素对沉积过程的综合控制作用，不同级别层序有着不同的主控因素，旋回地层学强调地球轨道周期对沉积过程的控制作用。四级层序和五级层序的主要驱动因素为地球轨道周期。两者对应关系见表 4-1。

表 4-1　层序地层与天文旋回对应关系

旋回级别	层序及其时限（Ma）	天文旋回	Vail 等（1991）	Mitchum 等（1991）
超级	巨层序（Gs）500—600	两倍银河年		
一级	大层序（Mg）60—120	克拉通热旋回	Megasequence >50Ma	Megasequence 200Ma
二级	中层序（Ms）30—40	穿越银道面旋回	Supersequence set 27—40Ma	Supersequence set 29—30Ma
	正层序组 9—12		Supersequence 9—10Ma	Supersequence 9—10Ma
三级	正层序（Os） 2—5	奥尔特旋回	Sequence 0. 5—5Ma	Sequence 1—2Ma
四级	亚层序（Ss） 0. 1—0. 4	长米氏旋回	Parasequence 0. 05—0. 5Ma	High-frequency sequence 0. 1—0. 2Ma
五级	小层序（Mc） 0. 02—0. 04	短米氏旋回	Simple sequence 0. 01—0. 05Ma	5th order sequence 0. 01—0. 02Ma

层序地层学的主要观点是相对海平面的变化控制着地层叠置样式。相对海平面是所有影响沉积过程因素的综合反映。分析地层记录，可重建体系域，得出相对海平面的变化情况。层序地层学分析是一种简化的由果推因的过程，其解取决于因果关系的敏感程度及结果的保存条件，在任何情况下总是有解的。层序地层可容纳空间取决于基准面（相对海平面）的变化情况，不同盆地或同一盆地不同区域的层序样式存在差异。

旋回地层学的主要观点是地球轨道参数控制着辐射量的变化与分布，辐射量控制着气候、沉积旋回及生物演替等因素，它们会被地层记录在对气候反应敏感的指标中，分析地层记录，找出其中与天文周期匹配的周期信息。旋回地层旋回周期信息具有全球一致性。

层序地层学主要应用于研究地层沉积规律，预测不同岩性的分布范围。如预测烃源岩和优质储层的发育层位、展布规律，确定有利区带的分布范围，指导油气田的勘探与开发。

旋回地层学主要应用于沉积速率的定量研究。通过对地层记录的旋回地层学分析，将地层记录周期匹配到天文周期信息上，可得到地层的天文年代标尺，确定各沉积时期的地质年代及沉积速率随时间的变化信息。

4.3 测井旋回地层分析方法

旋回地层学研究一般选择在地层连续、露头良好，且具有良好年代控制的剖面上进行。初步的年代学框架（生物地层学、磁性地层学、放射性同位素年代学等）是取得良好旋回地层学研究成果的保证，即使年代框架具有较大误差范围，也能够让研究者大致估计出平均沉积速率，为判别旋回地层学分析的合理性提供独立的证据（Hinnov，2007）。

一些地球物理、地球化学的古气候替代指标要比岩性对环境变化的响应更加敏感。从地层中获得古气候替代指标类似于对沉积过程进行连续编码，即构建包含地层环境变化信息的时间序列（Schwarzacher，1975）。时间序列分析指利用数学变换对时间序列进行定量分析，其应用极大地推进了旋回地层学的发展。

4.3.1 取样

时间序列分析的数据来自沉积物或者化石中，合适的取样密度是后续分析的关键。采样密度过稀，无法获得真实的旋回信息；采样密度太大则成本越高。地层垂向上所代表的时间轴受到沉积速率变化的影响，每个目标旋回应至少包含四个等间距分布数据点。在具体操作中，可根据初始年代框架估计出沉积速率和米兰科维奇旋回的旋回厚度，确定出采样密度。

4.3.2 数据预处理

古气候替代指标所构建的时间序列包含了各种环境噪声，对数据进行必要的预处理将使分析结果更易于解释。数据预处理分为以下几步：(1) 插值——多数分析软件和算法要求时间序列为等间距，不等间距的时间序列应进行插值处理。(2) 去趋势化——若整个时间序列表现出趋势性变化，即逐渐增加或逐渐降低，在频谱分析之前需要将这个趋势值去除。(3) 去异常值——时间序列有时会出现孤立的异常点，使能谱结构产生变形。这种极值需要剔除，进行插值处理或以均值代替。(4) 预白化处理——谱峰强度逐渐向高频降低的时间序列，其低频部分谱峰强度大，高频部分谱峰强度小，压制了高频部分的信号。预白化处理是构建出一个新的时间序列，使其谱结构在各个频率上大致相当。提高高频信号，压制低频信号。

4.3.3 时频分析

识别地层中米兰科维奇旋回信息的关键步骤就是对时间序列进行频谱分析（图4-6）。频谱分析是将时间序列的信号按频率顺序展开，使其成为频率的函数，确定出时序信号中周期性成分。在初始年代框架内，识别出的谱峰周期之比与地球轨道参数的长偏心率、短偏心率、斜率和岁差的周期之比近似（1∶4∶10∶20），则可初步判定时间序列记录了米兰科维奇旋回信息（Hinnov，2000；Weedon，2003）。频谱分析能够对时间序列包含的主要频率（或周期）成分进行估计。分析结果为一段时间（深度）内的平均谱结构，不能反映频率域随时间（深度）的变化信息，也无法反映出研究剖面沉积速率的变化情况。时频分析较好地解决了这一问题（图4-6），可精确判断不同频率（周期）在时间（深度）域上的变化情况，有助于识别沉积速率变化情况（Torrence and Compo，1998）。

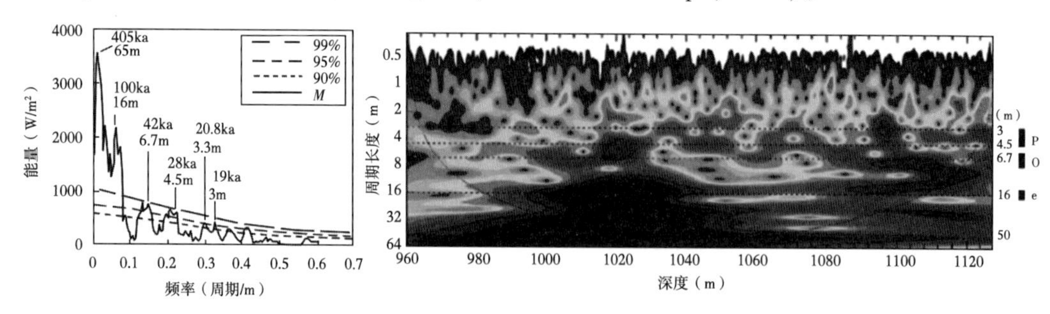

图4-6 测井资料时频分析图

4.3.4 滤波

滤波是对信号中特定波段频率滤除的操作，在旋回地层学研究中应用广泛。高通滤波和低通滤波可滤除时间序列中与米兰科维奇旋回无关的超高频和超低频信息，带通滤波能提取出目标频率信号，如岁差、斜率和偏心率旋回信号。将其与原始时间序列信号叠加在一起，显示目标信号在时间（深度）域上的变化特征及与目标信号之间的相互关系。

4.3.5 调谐

天文调谐是将沉积或古气候替代性指标的旋回记录对比到岁差、斜率和（或）偏心率的天文目标曲线上。精确的天文调谐要有通过其他年代学方法获得的年龄锚点，建立起由滤波获得的米兰科维奇旋回与天文目标曲线之间的相位关系。例如，新近纪地中海地区发育的腐泥层对应了岁差的最低值、日照量的最大值（Lourens 等，1996）。一旦将古气候替代指标的时间序列调谐到天文目标曲线上，就可以获得高分辨率的天文年代标尺。对于年龄控制较差的中生代或古生代来说，可根据不同频段的米兰科维奇旋回的个数，建立具有相对时间概念的浮动天文年代标尺，用于确定地层或地质事件的持续时间。

4.4 测井旋回地层学解释实例

选择中国东部某油田的测井资料进行测井旋回地层学分析。

4.4.1 数据选择和方法选择

选择 F1 井的沙四段上亚段自然伽马曲线数据开展旋回地层学分析。自然伽马曲线数据的数值范围为 33~101API（标准刻度井），低值与地层中的粉砂岩及泥质灰岩对应，高值与黑色泥页岩对应，显示出较好的旋回变化。测井数据采样间隔为 0.125m，达到旋回地层学分析需要的精度，适合进行旋回地层学分析。同时，采用频谱分析和连续小波分析确定两口井的自然伽马曲线数据是否受天文轨道旋回的影响。频谱分析采用 Past 软件包，带通滤波采用 Matlab 自带的滤波分析工具；连续小波分析以 Matlab 为平台使用 Torrence 和 Compo 提供的程序，以确定各种频率强度在时间域或深度域的变化信息。

前人根据古地磁、火山岩同位素进行测定和地层对比，表明该地区沙四段上亚段底部的绝对年龄约为 45Ma，沙四段上亚段顶部的绝对年龄约为 42Ma，持续时间约为 3Ma。绝对年龄可以为旋回地层学研究提供初始年代约束，同时能够检验其合理性。

4.4.2 频谱及滤波分析

地月引力会导致地表潮汐摩擦力变化，轨道运动会导致重力变化，影响地球自转速率和地球形状变化，使岁差周期和黄赤交角周期发生变化。在计算地球参数时，需要考虑两方面因素：地月系统围绕太阳公转的轨道及地月相互作用对地球轨道的影响。Laskar 等提出的计算方案较为理想，对上述影响因素进行了综合考虑。据此，计算出 45—42Ma 北纬 37°和东经 119°（沙四段形成时期经纬度）夏季的平均日照量变化曲线，采样间隔为 1ka（图 4-7）。结合小波能量谱和频谱分析可知，小波图上 4 个能量高的频带与频谱分析的主要周期有较好的对应。根据频谱分析可知：研究区 45—42Ma 期间的主要天文周期为 400ka、133ka、100ka、51.3ka、38ka、23ka、21.4ka 和 18.3ka，此外，还有 28.5ka 和 16.2ka 的气候周期。其中，400ka（E_3）、133ka（E_2）和 100ka（E_1）属于偏心率周期，51.3ka（O_2）和 38ka（O_1）属于黄赤交角周期，23ka（P_3）、21.4 ka（P_2）和 18.3ka（P_1）属于岁差周期。据此，可制作研究区 45—42Ma 天文旋回理论周期比值表（表 4-2）。天体的运动规律是固定的，各级天文周期之间的比例关系相对稳定。在稳定的沉积环境中沉积且保存较好的地层可以保存这种比例关系，即在这种环境下沉积的地层的各级旋回厚度的比值与各级天文周期的比值相对应。

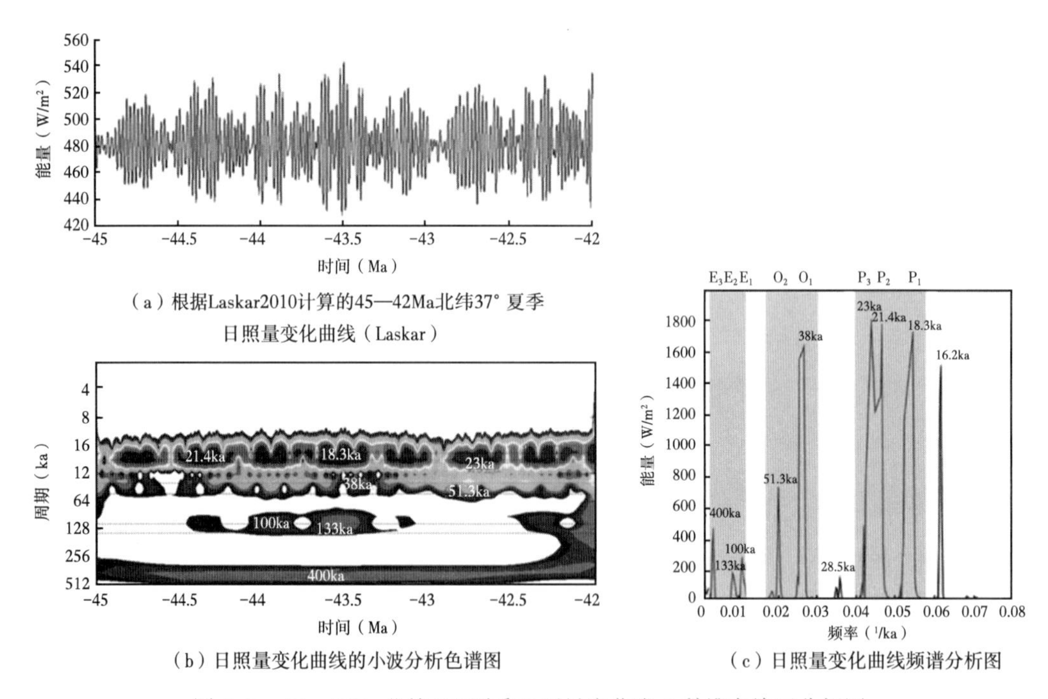

（a）根据Laskar2010计算的45—42Ma北纬37° 夏季日照量变化曲线（Laskar）

（b）日照量变化曲线的小波分析色谱图

（c）日照量变化曲线频谱分析图

图 4-7 45—42Ma 北纬 37°夏季日照量变化米兰科维奇旋回分析图

表 4-2　研究区 45—42Ma 期间天文周期比例关系

理论周期（ka）		比值							
偏心率	400	21.857	18.69	17.39	10.52	7.79	4	3	1
	133	7.267	6.27	5.782	3.5	2.592	1.3	1	
	100	5.464	4.672	4.347	2.63	1.95	1		
倾角	51.3	2.803	2.397	2.23	1.35	1			
	38	2.076	1.776	1.652	1				
岁差	23	1.257	1.075	1					
	21.4	1.169	1						
	18.3	1							

沙四段上纯下亚段以粉砂岩和泥页岩薄互层为主，沙四段上纯上亚段以灰质泥岩、泥质灰岩等岩性为主，两个阶段的沉积环境不同。为防止不同的沉积环境受到不同的天文周期的影响而引起分析结果的不准确，分别对 F1 井这两段进行旋回地层学分析。

对沙四段上纯上亚段的自然伽马曲线数据进行连续小波变换处理，其小波色谱图显示出较为连续的 4.3~5.6m、3.7~3.9m、2.6~3.2m、1.79~2m 的旋回［图 4-8（a）］。对自然伽马曲线数据进行频谱分析，发现小波色谱图中的主要旋回周期在频谱分析图上也有显示［图 4-8（b）］，将其主要旋回周期比值与理论周期比值进行比较，找出误差在 5%范围内的主要旋回厚度为 4.42m、3.16m、2m，其比值分别为 2.21、1.58、1，与地球轨道参数分别为 O_2、P_3、P_1 的比值分别为 2.23、1.652、1 较为一致（表 4-3），初步判断这些沉积旋回为米兰科维奇旋回，对应天文周期为 51.3ka、38ka、23ka。

表 4-3　F1 井研究区沙四段上纯上亚段旋回厚度与天文周期对比

层位	旋回厚度（m）	比值		天文周期（ka）	比值
沙四段上纯上亚段	4.42	2.21	理论周期	51.3	2.23
	3.16	1.58		38	1.652
	2	1		23	1

对沙四段上纯下亚段的自然伽马曲线数据进行连续小波变换处理，其小波色谱图显示出较连续的 9.4~10.8m、5.9~6.8m、4.8~5.2m、3.3~3.78m、2.1~2.4m、1.6~1.8m 的沉积旋回［图 4-8（c）］。对自然伽马曲线测井数据进行频谱分析，发现小波色谱图中的主要旋回周期在频谱分析图上也有显示［图 4-8（d）］，将主要旋回周期比值与理论周

期比值进行比较，找出误差在5%范围内的主要旋回厚度为9.8m、5.13m、3.73m、2.38m，其比值分别为4.12、2.15、1.56、1，与地球轨道参数分别为 E_1、O_2、O_1、P_3（图4-7）的比值分别为4.347、2.23、1.652、1较为一致（表4-4），初步判断这些沉积旋回为米兰科维奇旋回，分别对应的天文周期为100ka、51.3ka、38ka、23ka。

表4-4　F1井研究区沙四段上纯下亚段旋回厚度与天文周期对比

层位	旋回厚度（m）	比值		天文周期（ka）	比值
沙四段上纯下亚段	9.8	4.12	理论周期	100	4.347
	5.13	2.15		51.3	2.23
	3.73	1.56		38	1.652
	2.38	1		23	1

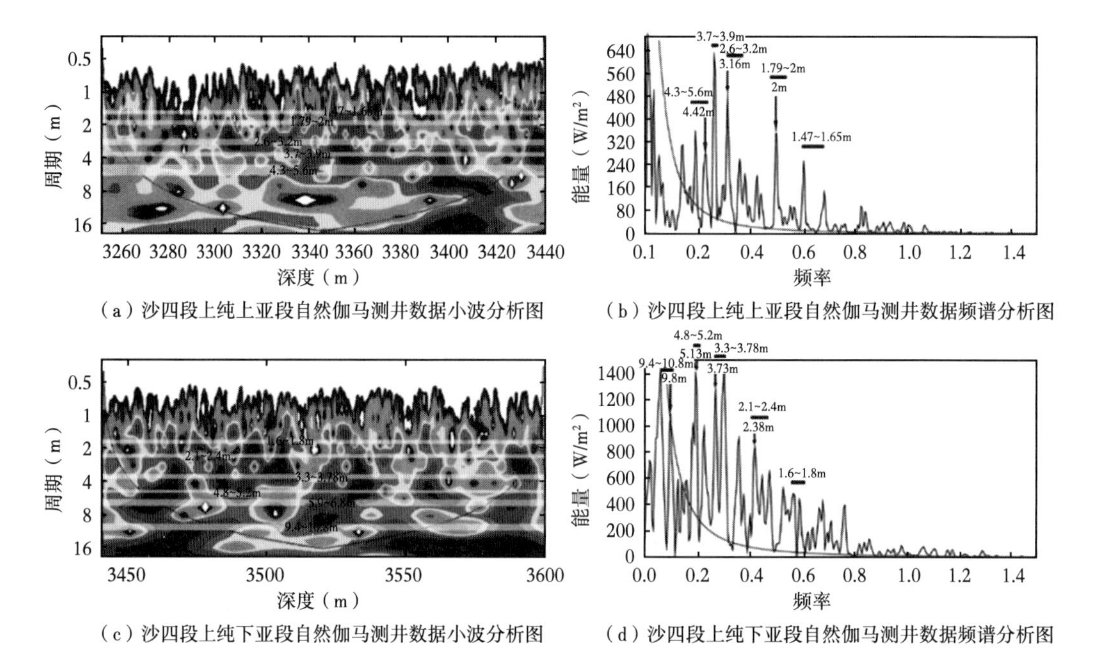

（a）沙四段上纯上亚段自然伽马测井数据小波分析图　（b）沙四段上纯上亚段自然伽马测井数据频谱分析图

（c）沙四段上纯下亚段自然伽马测井数据小波分析图　（d）沙四段上纯下亚段自然伽马测井数据频谱分析图

图4-8　F1井沙四段上亚段自然伽马数据小波变换及频谱分析

相较于沙四段上纯下亚段，沙四段上纯上亚段缺失100ka所对应的沉积旋回可能是浊流、风暴等事件沉积对沉积记录的干扰导致的。通过上述识别出的天文旋回，发现研究区沙四段上亚段存在80个38ka的黄赤交角天文旋回，共持续3.04Ma，与古地磁、火山岩等测出的沙四段上亚段沉积的持续年龄3Ma是吻合的，进一步地表明识别出的米兰科维奇旋回是可信的。

4.4.3 基于旋回地层的天文年代标尺建立

对 F1 井沙四段上亚段自然伽马曲线数据的频谱分析和小波分析表明，F1 井沙四段上亚段的沉积过程受到了地球轨道参数偏心率、黄赤交角和岁差的影响（图 4-9）。研究区年代格架无法满足建立绝对天文年代标尺的要求，本章采用旋回信号清晰的 38ka 黄赤交角周期建立研究区沙四段上亚段的“浮动”天文年代标尺。

根据频谱分析和小波分析结果，采用相应的高斯带通滤波器（针对沙四段上纯上亚段和沙四段上纯下亚段设计）分别对两个时期的黄赤交角周期进行滤波处理，同时利用计算旋回数来建立研究区沙四段上亚段“浮动”天文年代标尺（图 4-9）。以沙四段上亚段顶部开始为零向下计算，F1 井共记录了黄赤交角旋回约 80 个，说明沙四段上亚段沉积持续了约 3.04Ma，与古地磁、火山岩等测出的持续地质时间 3Ma 较为吻合。同时，“浮动”天文年代标尺对沙四段上亚段沉积持续时间精确到 0.038Ma，为研究区沙四段上亚段沉积过程的持续时间及地质事件提供独立的年代证据。

4.4.4 天文周期控制下沉积速率变化

将黄赤交角沉积旋回相邻波峰与波谷之间的地层厚度与沉积过程的持续时间（38ka）相除，计算出 F1 井在沙四段上亚段随时间变化的沉积速率（图 4-9）。其中，沙四段上纯上亚段的沉积速率为 0.09~0.11m/ka（地层厚度未经压实校正），沙四段上纯下亚段的沉积速率为 0.105~0.147m/ka（地层厚度未经压实校正），与实际情况较为符合。沙四段上纯下亚段为浅湖相环境，以粉砂岩和泥岩薄互层为主，沉积过程主要与牵引流有关；沙四段上纯上亚段为半深湖相—深湖相环境，以泥质灰岩和灰质泥岩为主，主要通过悬浮沉降所形成。从整体形成过程来看，沙四段上纯下亚段的沉积速率要高于沙四段上纯上亚段沉积速率。由前人研究可知，研究区沙四段上亚段平均沉积速率为 0.11m/ka，与本章所得数据较为符合。根据沉积速率曲线（图 4-9），沙四段上纯下亚段沉积速率变化较小，在此阶段气候变化较小，沉积速率处于较为稳定的状态；沙四段上纯上亚段在下部和中—上部的表现为沉积速率的突变，可能与深湖相环境中较为发育的浊流沉积有关。

上述研究表明：

（1）利用自然伽马曲线对研究区 F1 井的沙四段上亚段开展的旋回地层学分析表明，研究区始新世的沉积过程受到了天文周期—偏心率、黄赤交角、岁差的影响。

（2）根据 38ka 黄赤交角旋回建立了精确到 0.038Ma 的“浮动”天文年代标尺，确定了沙四段上亚段沉积的持续时间为 3.04Ma。“浮动”天文年代标尺的建立有助于对研究区

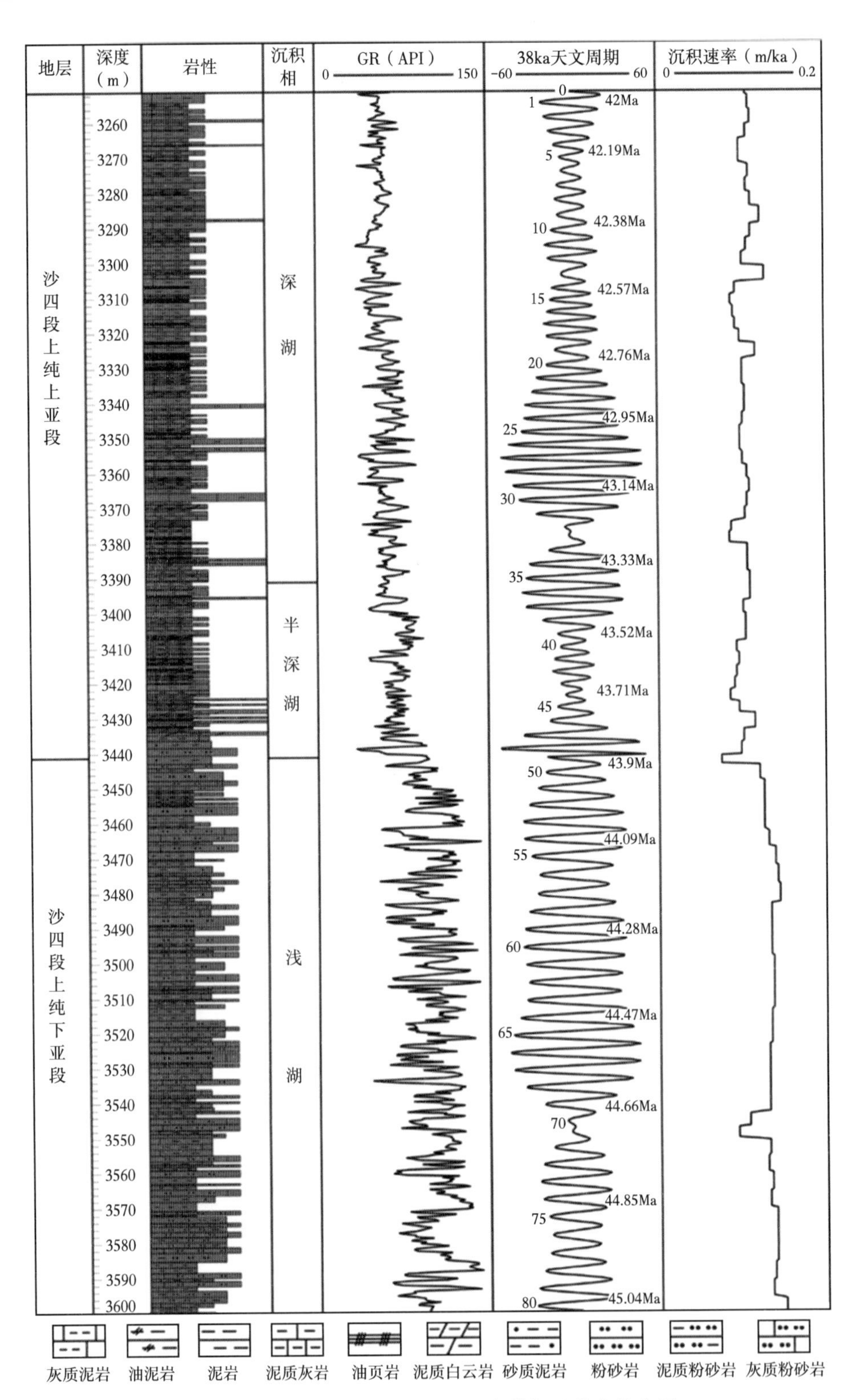

图 4-9　F1 井岩性—测井—天文年代标尺综合柱状图

沙四段上亚段的地质事件的持续时间做出精确估计。

（3）基于米兰科维奇旋回周期，计算出研究层段的沉积速率。通过 38ka 天文周期曲线与地层深度的对应关系，计算出沙四段上纯上亚段沉积速率为 0.09~0.1m/ka，沙四段上纯下亚段沉积速率为 0.105~0.147m/ka。

综上所述，在济阳坳陷沙四段上泥页岩中运用米兰科维奇旋回进行分析是可靠的。

5　测井沉积学分析

测井沉积学分析指通过测井资料解决沉积岩和沉积相研究的相关问题。沉积学包括沉积岩和沉积环境（相）两部分，相应地，测井沉积学分析包括测井沉积岩分析和测井沉积相分析两部分。本章将重点论述测井沉积学原理、测井沉积岩分析方法和测井沉积相分析方法。

5.1　测井沉积学分析原理

5.1.1　测井曲线分析要素及地质意义

1975 年，艾伦（Allen）将自然电位测井曲线与电阻率测井曲线组合在一起，提出了五种测井曲线组合形态的基本类型：（1）顶部渐变型或底部渐变型；（2）顶部突变型和底部突变型；（3）振荡型；（4）块状组合型；（5）互层组合型（图 5-1）。这些基本的曲线形态是由沉积物的搬运能量、物源供应等变化造成，而这些变化又是由盆地升降、海平面变化、气候条件、河流迁移等沉积控制因素的变化造成。测井曲线形态在一定程度上是

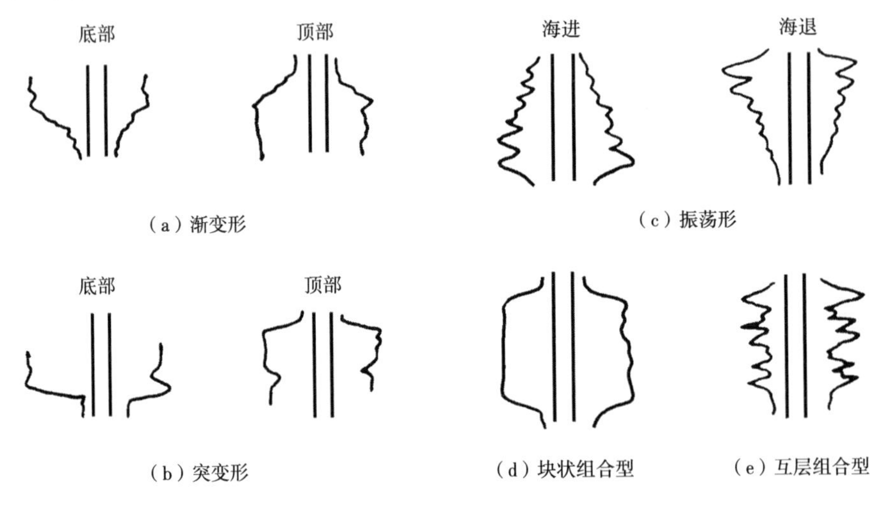

图 5-1　五种测井曲线组合形态的基本类型

沉积过程的响应。

随着对测井曲线形态研究的不断深入，大量曲线要素被抽象出来，包括形态、幅度、接触关系、光滑程度、齿中线、幅度组合包络类型、形态组合方式等（图 5-2）。

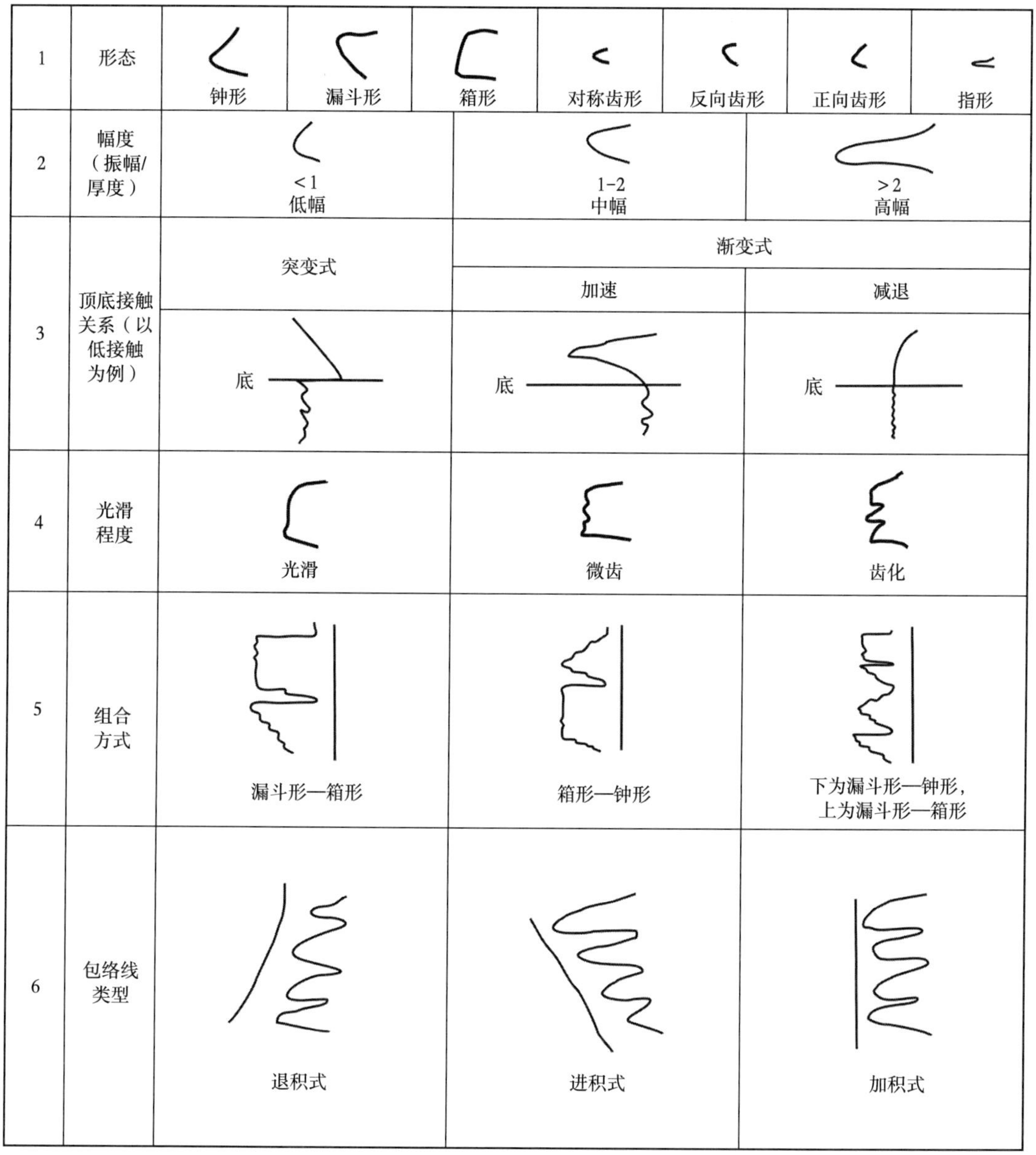

<table>
<tr><td>1</td><td>形态</td><td>钟形</td><td>漏斗形</td><td>箱形</td><td>对称齿形</td><td>反向齿形</td><td>正向齿形</td><td>指形</td></tr>
<tr><td>2</td><td>幅度（振幅/厚度）</td><td colspan="2"><1
低幅</td><td colspan="3">1-2
中幅</td><td colspan="2">>2
高幅</td></tr>
<tr><td rowspan="3">3</td><td rowspan="3">顶底接触关系（以低接触为例）</td><td colspan="2" rowspan="2">突变式</td><td colspan="5">渐变式</td></tr>
<tr><td colspan="3">加速</td><td colspan="2">减退</td></tr>
<tr><td colspan="2">底</td><td colspan="3">底</td><td colspan="2">底</td></tr>
<tr><td>4</td><td>光滑程度</td><td colspan="2">光滑</td><td colspan="3">微齿</td><td colspan="2">齿化</td></tr>
<tr><td>5</td><td>组合方式</td><td colspan="2">漏斗形—箱形</td><td colspan="3">箱形—钟形</td><td colspan="2">下为漏斗形—钟形，
上为漏斗形—箱形</td></tr>
<tr><td>6</td><td>包络线类型</td><td colspan="2">退积式</td><td colspan="3">进积式</td><td colspan="2">加积式</td></tr>
</table>

图 5-2　测井曲线要素图

（1）形态。

形态指单个地层单元的曲线形态，反映沉积物沉积时能量变化情况，基本形态有钟形、漏斗形、箱形等。以碎屑岩地层为例，简要说明各种曲线形态的沉积学含义。

钟形：呈上陡下缓，反映水流能量向上减弱，代表河道的侧向迁移或逐渐废弃。在河流沉积背景下，通常代表典型的河道沉积。

漏斗形：形态与钟形相反，呈上缓下陡，反映砂体向上部建造时水流能量加强。颗粒变粗，分选较好，代表砂体上部受波浪改造影响，也可代表砂体的进积。在三角洲沉积背景下通常为河口坝、远沙坝沉积。

箱形：曲线分为三段，上、下两段平缓，中间段较厚且起伏不大，反映沉积过程中能量一致、物源充足的供应条件，通常是稳定的河道砂坝的曲线特征。

齿形：即锯齿形态，反映沉积过程中能量的高频变化。既可以是正齿形，也可以是反齿形或对称齿形。通常为河道堤岸、三角洲前缘席状砂、分流间湾等微相。

对称齿形是指曲线元纵向近似对称，上、下两段都比较陡，斜率较大，且绝对值近似相等。多以冲刷、充填作用为主，具有正粒序。反向齿形是指曲线元可以分为两段，上段平缓，下段较陡，以水道末稍进积式充填为主，具有反粒序。正向齿形指曲线元可以分为两段，上段较陡，下段较平缓，为充填堆积特征，常代表间歇性洪水作用沉积。

指形：即手指形态，通常代表在低能背景下发育的中、薄层高能粗粒沉积，如滨岸背景下的海滩、湖泊背景下的滨浅湖滩砂等。

（2）幅度。

幅度分为低幅、中幅和高幅三个阶段状态。幅度的大小反映粒度、分选、泥质含量等方面的特征。在碎屑岩地层中，砂岩通常具有高自然电位和低自然伽马等曲线幅度特征。

（3）接触关系。

接触关系指地层单元顶底界的接触关系，反映地层沉积初期、末期水动力能量及物源供应的变化速度，包含渐变和突变两种类型。渐变分为加速、均匀和减速三种，反映到曲线形态上则为“凸”形、直线和“凹”形。突变代表了沉积间断或环境突变，往往是冲刷（底部突变）或物源的中断（顶部突变）造成。

砂岩层顶部突变代表物源供应的突然中断。顶部加速渐变代表水流能量在后期急剧减退或物源供应减少，多与河道末期沉积有关。顶部均匀渐变代表均匀的能量减退过程，为河道侧向迁移的典型特征。顶部减速渐变代表能量或物质供应减速消退，水下河道常具有这种特点。砂岩底部突变常代表冲刷面。底部加速渐变表明冲刷能力较差，一般为水下河道；底部匀速渐变可能是漫滩、堤岸的沉积特征；底部减速渐变通常为物源供给有限的结果，可能是滩坝沉积。

（4）光滑程度。

不同于钟形、箱形等曲线形态，曲线光滑程度属于曲线次级形态，取决于水动力条件对沉积物作用的持续能力，是物源供给和沉积水动力的双重反映。

曲线光滑程度可分为光滑、微齿、齿化三个等级。齿化往往代表韵律性沉积，物源丰富但沉积能量有节奏性变化；光滑代表物源丰富，水动力作用较强且长期稳定作用；微齿介于二者之间。

（5）组合方式。

多层曲线的组合形式表示多层曲线幅值包络线的组合形态。对其组合形式及层序的曲线组合特征进行分析，可以反映多层砂体在沉积过程中的能量变化和速率变化的情况。典型曲线组合方式包括漏斗形—箱形，箱形—钟形，上为漏斗形—箱形，下为漏斗形—钟形等。

漏斗形—箱形（由下至上）代表丰富物源供应下的水下沙体堆积。典型的沉积组合有三角洲前缘席状砂和河口坝。箱形—钟形（由下至上）代表物质供给丰富，后期由于河道迁移或废弃导致沉积能量衰减。典型的沉积组合有曲流河河道、边滩和堤岸。上为漏斗形—箱形，下为漏斗形—钟形，代表河道在迁移摆动条件下，有丰富物源供应的河流沉积。

（6）包络线类型。

测井曲线的包络线指与测井曲线上曲线族的每条线都有至少一点相切的一条曲线。S J Pirson（1970）曾指出，自然电位曲线指峰状的包络线形态，可以反映出水体深度变化的速度。

测井曲线（自然电位或自然伽玛）的包络线趋势通常可以反映沉积旋回的样式，即进积型、退积型和加积型。反映水体的海（湖）进或海（湖）退。海（湖）水退速度稳定的线性水退，其自然电位曲线指峰状的包络线表现为一条倾斜的直线。海（湖）水退速度稳定减小的减速水退，其自然电位曲线指峰状的包络线表现为一条“凸”形曲线，它的曲率中心在自然电位正方向一侧。海（湖）水退速度稳定增大的匀加速水退，其自然电位曲线指峰状的包络线表现为一条“凹”形曲线，它的曲率中心在自然电位负方向一侧。

同样，根据自然电位曲线指峰状的包络线的形态，可以判断海（湖）进的速度。线性（匀速）海（湖）进，其包络线为一条倾斜的直线。匀减速海（湖）进，其包络线是一条“凹”形曲线，曲率中心在自然电位负方向一侧。匀加速海（湖）进，它的包络线是一条“凸”形曲线，曲率中心在自然电位正方向一侧。根据包络线的形态的不同，可将多层曲线的组合形式分为退积型、进积型及加积型三种类型。

一种沉积环境有其特有的层序组合特征，在垂向上也有其特有的测井曲线形态组合特征。掌握各种环境的测井曲线形态组合特征，有助于鉴别沉积环境及在区域上研究相带的分布规律。

5.1.2 测井相、岩相、沉积相关系和转换

测井相是由法国地质学家 O Serra 于 1979 年提出来的，目的在于利用测井资料来评价或解释沉积相。他认为测井相是表征地层特征，并可以使该地层与其他地层区别开来的一组测井响应特征集。

岩相是一定沉积环境中形成的岩石或岩石组合，是沉积相的重要组成部分。沉积相是沉积物的生成环境、生成条件及其特征的总和。成分相同的岩石组成同一种相，在同一地理区的相组成同一组。沉积相主要分为陆相、海陆过渡相和海相，主要取决于这些岩石的生成环境。陆相一般包括沙漠相、冰川相、冲积扇相、河流相、沼泽相、湖泊相；海陆过渡相一般包括潟湖相、三角洲相、滨岸相；海相一般包括浅海相、半深海相、深海相。岩相和沉积相是从属关系。

测井相可以和岩相、沉积相联系起来。测井相具有多解性，只有排除各种非地质影响因素并在特定的地质条件下才能合理地识别归类。测井相在沉积学中可以分别转换为沉积岩相和沉积相。而测井相要转换成沉积相要先进行测井相到岩相的转变，再根据岩相组合和测井相综合判定沉积相。

测井相与岩相的转换是在岩相标志与测井曲线之间研究的基础上利用已建立的转换关系对测井曲线形态或响应值解释出岩石特征，如成分、结构、成层性等，并汇集这些信息形成岩相数据库。

测井相与沉积相的转换并不存在一一对应关系，尤其是类似古生物等描述在测井资料中不可能确定。但在已知地质背景时可以经过统计、推理找到判断亚相、微相的合理依据。这种关系就是沉积相解释模型，即测井相标志，也是进行测井相到沉积相转变的核心。

在测井资料中，常规测井组合曲线、倾角测井曲线、成像测井图像可以解释出各种测井相标志：(1) 岩石组合，包括岩石类型及结构；(2) 层理构造，如水平层理、交错层理等及其垂向变化；(3) 不整合面，包括平行不整合面和角度不整合面；(4) 古水流方向等。用测井资料分析以上几类测井相标志，是为测井沉积学研究提供可靠依据的保证。

做好“地质—测井”刻度，将已建立的各种沉积相标志和测井相标志进行互相对应，实现测井资料在地质相标志刻度下的“岩心刻度测井”，总结出针对不同沉积亚相和微相的测井相标志，这是确定沉积相的有效手段（图 5-3）。

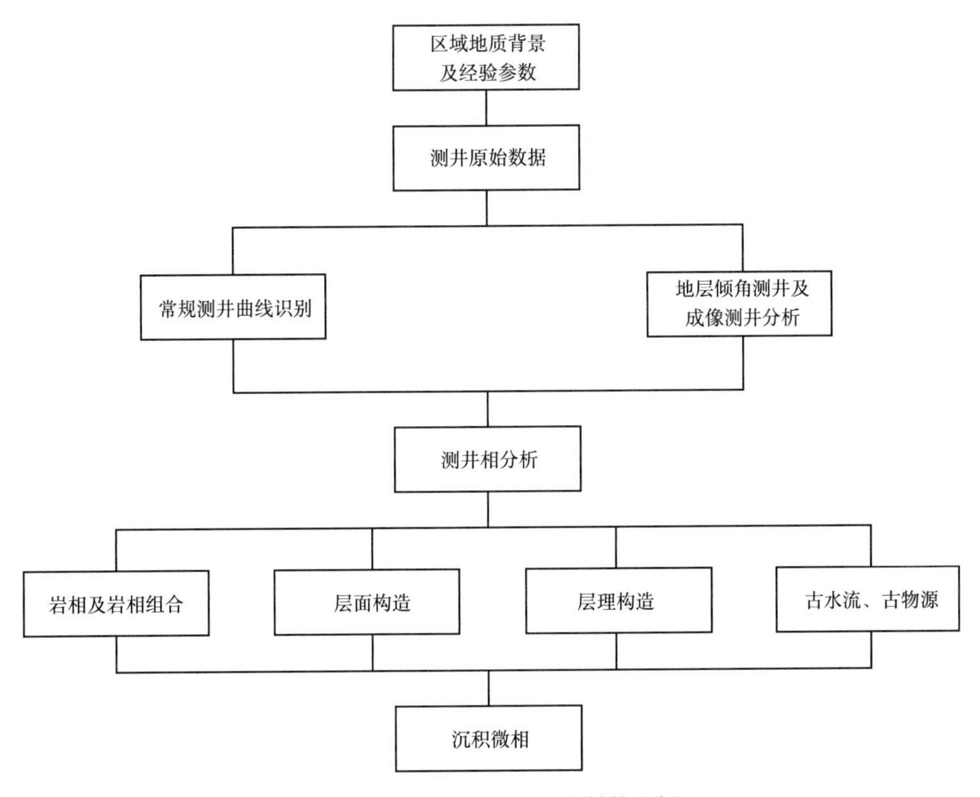

图 5-3　测井相到沉积相的转换逻辑

5.2　测井岩相分析方法

测井岩相分析指利用测井曲线特征（定性特征）、测井数据和参数值（定量信息）描述地层的矿物特征，确定岩性。利用测井资料确定岩相时，可借助岩屑录井资料。测井系统越完善，测井系列越齐全，测井资料品质越好，通过测井资料确定的岩相越准确。测井岩相分析利用了测井数据定量化的特点，除了直接利用不同岩石类型的单条测井曲线响应来识别岩性外，也多采用交会图法和各种数值分析方法。通过岩心刻度和录井资料，建立测井资料和岩相之间的综合关系模型，从而进行定量化的岩相分析。

5.2.1　沉积岩测井特征

5.2.1.1　陆源碎屑岩的测井特征

泥页岩在测井曲线上电阻率一般在 1~30Ω · m 之间；自然电位为正值，且颗粒越细，岩石越致密，偏正越多。微电极曲线上为负值；自然伽马射线强度高，且颗粒越细，强度越大；中子伽马射线强度为低—中等；泥岩的声波时差高，岩石致密变低；井径不小于钻头直径。

砂岩在测井曲线上电阻率在0.3~10000Ω·m之间，其数值大小取决于孔隙中流体性质和矿化度，含高矿化度水者电阻率低，反之则高；自然电位为负值，含泥质等胶结物越少，越偏负值；微电极电阻率不高，微电位与微梯度曲线有较大的正幅度差；自然伽马射线强度越低，含泥越少，射线强度越低；中子伽马射线强度为低—高，砂岩中水、泥岩含量越高，射线强度越低。声波时差为中等及高，胶结程度越差，声波时差越高。井径不大于钻头直径。

砾岩电阻率与砂岩类似，变化范围大，泥质砾岩电阻率小。自然电位为负值；胶结越紧密的砾岩，微电极读数越高；自然伽马与中子伽马射线强度中等；井径与钻头直径近似。

5.2.1.2 碳酸盐岩的测井特征

石灰岩与白云岩在测井曲线上电阻率在1~10000 Ω·m之间，电阻率与岩石的孔隙性和结构有关。含高矿化度水、高孔隙性的碳酸盐岩电阻率低；自然电位一般为负值，含泥质者可见到正值；微电极曲线上视电阻率最高。自然伽马射线强度低，在泥质石灰岩中强度高，在含油的石灰岩中强度高；中子伽马射线强度中—高，随含气量、孔隙度、泥质含量的增加而变低；声波时差低，随孔隙、裂缝的增加而变大。井径不大于钻头直径，随渗透率增加而减小。

沉积岩的测井响应见表5-1。

表5-1 各类岩石在主要测井曲线上的特征（据华东石油学院，1997）

测井类别	电阻率（Ω·m）	自然电位	自然伽马	中子伽马	声波时差	井径
泥岩	一般为1~10Ω·m，在特殊情况下，如陆相淡水泥岩，钙质泥岩可高达20~30Ω·m	正值，泥质越高，偏正越多。地层水矿化度小于钻井液矿化度时为负	高值，颗粒越细，强度越大，深海沉积和含沥青的泥岩强度很高	低，颗粒越细含水越多则强度越低	高	大于钻头直径
页岩	5~30Ω·m，炭质页岩和油页岩较大，其大小取决于碳化程度和含油率	正值。颗粒越细，岩石越致密则偏正越多	高值，与泥岩相似	中等		不小于钻头直径

续表

测井类别	电阻率（Ω·m）	自然电位	自然伽马	中子伽马	声波时差	井径
砂岩	0.3~10000 碳质，决定于孔隙中流体性质及矿化度，含高矿化度水者电阻率低，反之高	负值。含泥质及其他胶结物越少，则偏负越大	低值，含泥越少则越低，泥质砂岩及含海绿石或火山灰的砂岩强度高	低—高值，砂岩中含水多，泥质含量高则强度低，致密砂岩强度高	中等及高，胶结程度越差，时差越高	不大于钻头直径，随渗透性增加，滤饼加厚而减小
砾岩	与砂岩类似，泥质砾岩电阻率较小，钙质及硅质胶结的砾岩电阻率高	负值。与砂岩相似	中值，在泥质砂岩中强度较高	中等,含大砾石越多则强度越高		与钻头直径近似，在泥质砾岩中大于钻头直径
泥灰岩	随密度及钙质含量增加而增加，松散者可低至5~7碳质，致密者可高达几百至几千欧姆米	正值，与泥岩相似，当含大量碳酸盐时，自然电位变小	高值，在白云岩化的泥灰岩中强度高	中值	高，随其密度增大而变低	与钻头直径相近
石灰岩和白云岩	1~10000 碳质，与岩石的孔隙性和结构有关。含有高矿化度水的高孔隙性的碳酸盐岩电阻率较低	负值。纯者为负值，含泥质者可见到正值	低值，在泥质石灰岩中强度高，在含油的石灰岩中强度很高	中—高值，随含气量、孔隙度，泥质含量的增加强度变低	低，随孔隙、裂缝的增加而增大	不大于钻头直径，随渗透性的增加而减小
石膏、盐岩等化学岩	大于1000碳质	小的负值，含泥质者为正值	低值及高值，在钾盐中强度高	石膏强度低，无水石膏及氯化物强度高		形成空洞者井径很大
煤层	无烟煤电阻率很低，烟煤电阻率很高	负的，有时也出现正值	低值	低值	高，烟煤更高	大于钻头直径，很不规则

5.2.2 交会图法

交会图技术是以几何作图方法为基础，利用骨架矿物、孔隙结构等对几种孔隙度测井的响应值，结合岩性密度测井、自然伽马测井、自然伽马能谱测井等识别岩性。该方法可以识别出较复杂的由3~4种矿物组成的岩性。交会图法是根据纯地层做出的，若岩性中含有泥质成分，交会点会发生位移，骨架矿物含量和地层孔隙度发生误差。如果岩石中含有天然气，会影响测量值，需要进行必要的校正。

5.2.2.1 中子—密度测井交会图

不同矿物的测井响应值不同，采用交会图可以确定两种矿物的比例，求得比较准确的孔隙度。中子—密度测井交会图是常见的孔隙度测井交会图，可提供准确的孔隙度和确定岩性，如图5-4所示。

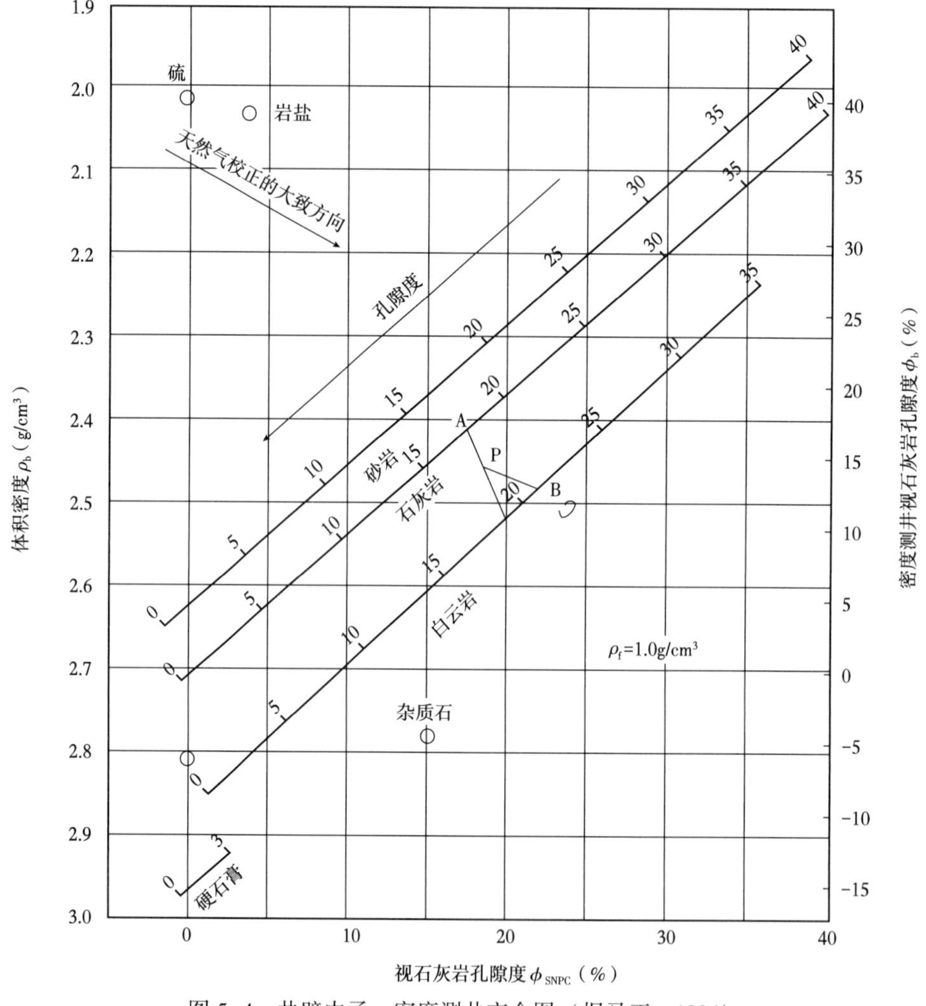

图5-4 井壁中子—密度测井交会图（据马正，1994）

图 5-4 是对饱和液体的纯地层做出的，图中标有砂岩、石灰岩、白云岩三种岩性线，每条线上刻有该岩性的不同孔隙度，还有硬石膏岩性线和其他岩性点。

将经环境校正、泥质校正的测井响应值（ρ_b、ϕ_N）投在交会图上，根据地质判断由哪两种矿物组成的过渡岩性。P 点属于碳酸盐岩剖面中的一个岩性层，地质判断 P 点为石灰岩、白云岩的过渡岩性。过 P 点作该矿物对石灰岩、白云岩等孔隙度的平行线，分别交石灰岩、白云岩岩性线于 A、B 点，依 PA、PB 相应于 AB 之比值确定石灰岩、白云岩组分的百分含量（V_{cm}，V_{do}），P 点的孔隙度为线段 AS 的孔隙度（17. 6%），其骨架密度$\rho_{ma}=\rho_{ma1}V_1+\rho_{ma2}V_2$。

该方法对确定孔隙度比较准确，但对矿物的确定依赖于地质经验。在理想情况下，密度—中子交会图也只能解决双矿物问题。若存在轻质油气，则解析岩性的能力进一步降低，只能解决单矿物或提供一种混合物的概念。为解决该问题，发展了应用三条孔隙度测井曲线组成的两个交会图的方法。该方法既消除了孔隙的影响，又利用三个响应值确定了 2~3 种矿物组分，提高了判断精度，如 MID 交会图（岩性骨架矿物识别图）、*M*—*N* 交会图。

5. 2. 2. 2 MID 岩性骨架矿物识别图

MID 交会图由视骨架密度（ρ_{ma}）和视骨架声波时差 Δt_{ma}组成（图 5-5）。其中，视骨架密度可在确定岩石骨架密度的中子密度交会图中查出，视骨架声波时差可在确定视骨架时差的中子—声波交会图中查出。

该方法受限于应用三孔隙度测井曲线得到的视骨架时差和视骨架密度，需根据各种矿物的密度、声波时差，建立标准图版（MID 交会图）。同时将判别岩性层的视骨架密度与视骨架声波时差投在 MID 交会图上，判定该岩性层的矿物组成。

如图 5-5 所示，A 点位于砂岩、白云岩、硬石膏三种岩性构成的三角形中，最可能的是石灰岩和硬石膏的过渡类型（在两者的连线上），也可能是三种岩性的过渡类型。

5. 2. 2. 3 *M*—*N* 交会图

对于更复杂的矿物组合，采用 *M*—*N* 交会图解释岩性更为方便。*M*—*N* 交会图将三种孔隙度测井数据结合，并计算出只取决于岩性的量 *M* 和 *N*。*M* 代表在声波时差—密度交会图上某骨架点与流体点连线的斜率。该线代表孔隙度为 0~100%，所有该类岩石在交会图上的位置，即相同骨架成分的声波、密度响应值应为常数：

$$N=\frac{\Delta t_f-\Delta t_{ma}}{\rho_{ma}-\rho_f}\times 0.01 \tag{5-1}$$

式中，*N* 代表中子—密度交会图上该骨架点与流体点连线的斜率。

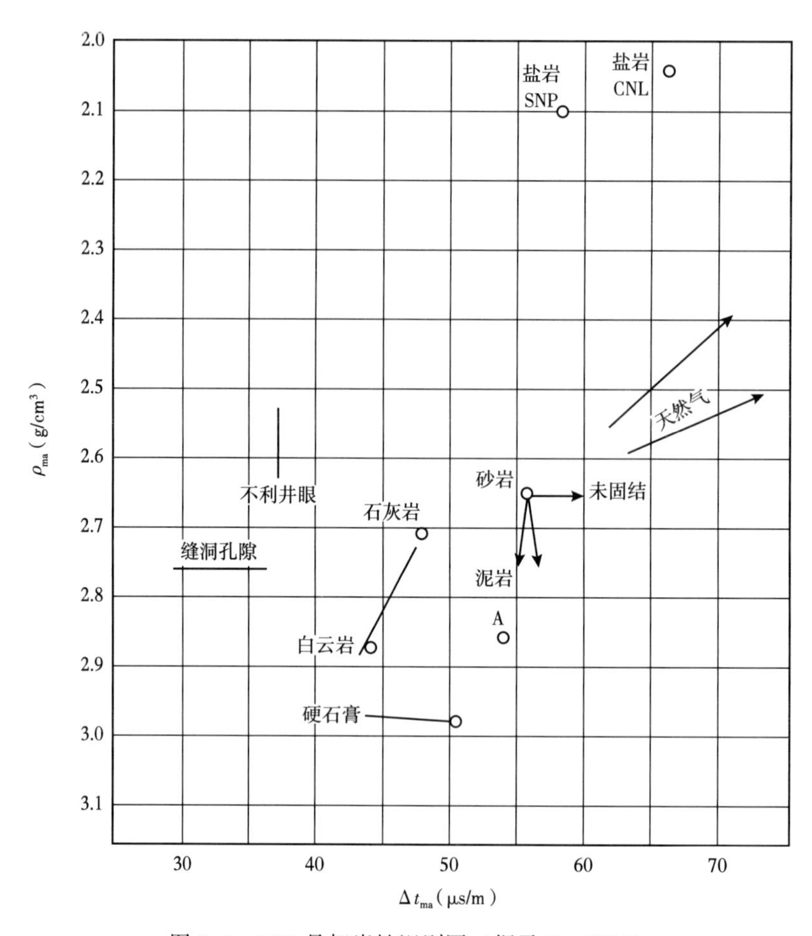

图 5-5 MID 骨架岩性识别图（据马正，1994）

不同骨架成分流体点连线有确定的斜率，即 M、N，若岩性不同，则 M、N 也不同（表 5-2）。

表 5-2 普通岩石的 M 与 N（据马正，1994）

岩石	盐水钻井液（$\rho_f=1.1g/cm^3$）		淡水钻井液（$\rho_f=1g/cm^3$）	
	M	N	M	N
砂岩 $v_{ma}=5486.4m/s$	0.835	0.669	0.810	0.628
砂岩 $v_{ma}=5943.60m/s$	0.862	0.669	0.835	0.628
石灰岩	0.854	0.621	0.827	0.585
白云岩 $\phi=5.5\%\sim30\%$	0.800	0.544	0.778	0.516
白云岩 $\phi=1.5\%\sim5.5\%$	0.800	0.544	0.778	0.523
白云岩 $\phi=0\sim1.5\%$	0.800	0.561	0.778	0.532

续表

岩石	盐水钻井液（$\rho_f = 1.1g/cm^3$）		淡水钻井液（$\rho_f = 1g/cm^3$）	
	M	N	M	N
硬石膏 $\rho_{ma} = 2.98g/cm^3$	0.718	0.532	0.702	0.505
石膏	1.064	0.408	1.015	0.378
盐岩	1.269	1.032	1.16	0.914

在判断岩性时，先用该地层的 Δt、ρ_b、ϕ_N 计算 M、N，并点绘在 M、N 图版上。若岩石由一种矿物组成的，该点将和相同矿物点重合；若岩石由两种矿物组成，该点将落在相应两种矿物的连线上；若岩石是由三种矿物组成，该点将落在这三种矿物构成的三角形内。

根据封闭三角形的三个端元骨架岩性（图 5-6），确定三组分的体积百分比（V_i），解下列方程组可求得正确的孔隙度：

$$
\begin{cases}
\Delta t = \phi \Delta t_f + (1 - \phi)(V_1 \Delta_{ma_1} + V_2 \Delta t_{ma_2} + V_3 \Delta t_{ma_3}) \\
\phi_N = \phi \phi_{Nf} + (1 - \phi)(V_1 \phi_{Nma_1} + V_2 \phi_{Nma_2} + V_3 \phi_{Nma_3}) \\
\rho_b = \phi \rho_f + (1 - \phi)(V_1 \rho_{ma_1} + V_2 \rho_{ma_2} + V_3 \rho_{ma_3}) \\
1 = \phi + (1 - \phi)(v_1 + v_2 + v_3)
\end{cases}
\tag{5-2}
$$

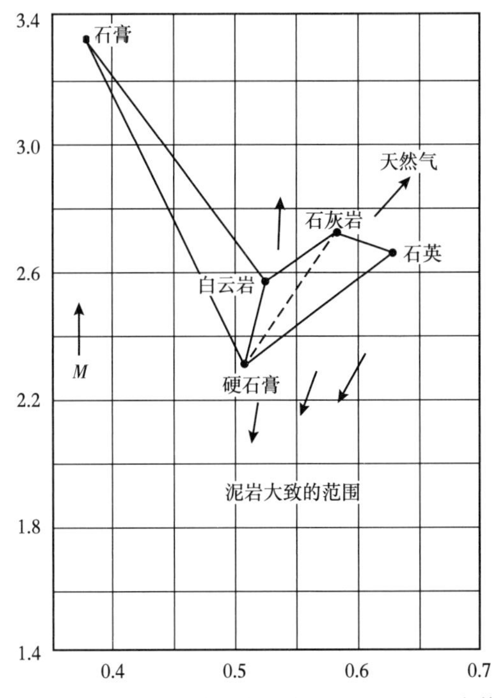

图 5-6　M—N 解释交会图版（据马正，1994，有修改）

式中，Δt 为声波时差，μs/m；ϕ_N 为中子孔隙度，%；ρ_b 为体积密度，g/cm³；ϕ 为孔隙度，%；V 为体积，cm³；ρ 为密度，g/cm³；下标 1、2、3、ma、f、N 分别为 3 个不同组分、岩石骨架、地层、中子。

5.2.2.4 U_{maa}诺模图

U_{maa}诺模图是利用岩性—密度测井，把岩石的视骨架密度（ρ_{maa}）与视体积光电吸收截面（U_{maa}）交会。视体积密度（ρ_{maa}）由确定的中子—密度交会图求出，视骨架密度由光电吸收截面和密度测井结果算出：

$$U_{maa} \approx \frac{P_e \rho_e}{1-\phi_{ta}} \tag{5-3}$$

式中，P_e 为电子密度指数，g/cm³；ρ_e 为光电吸收截面指数，b/e。

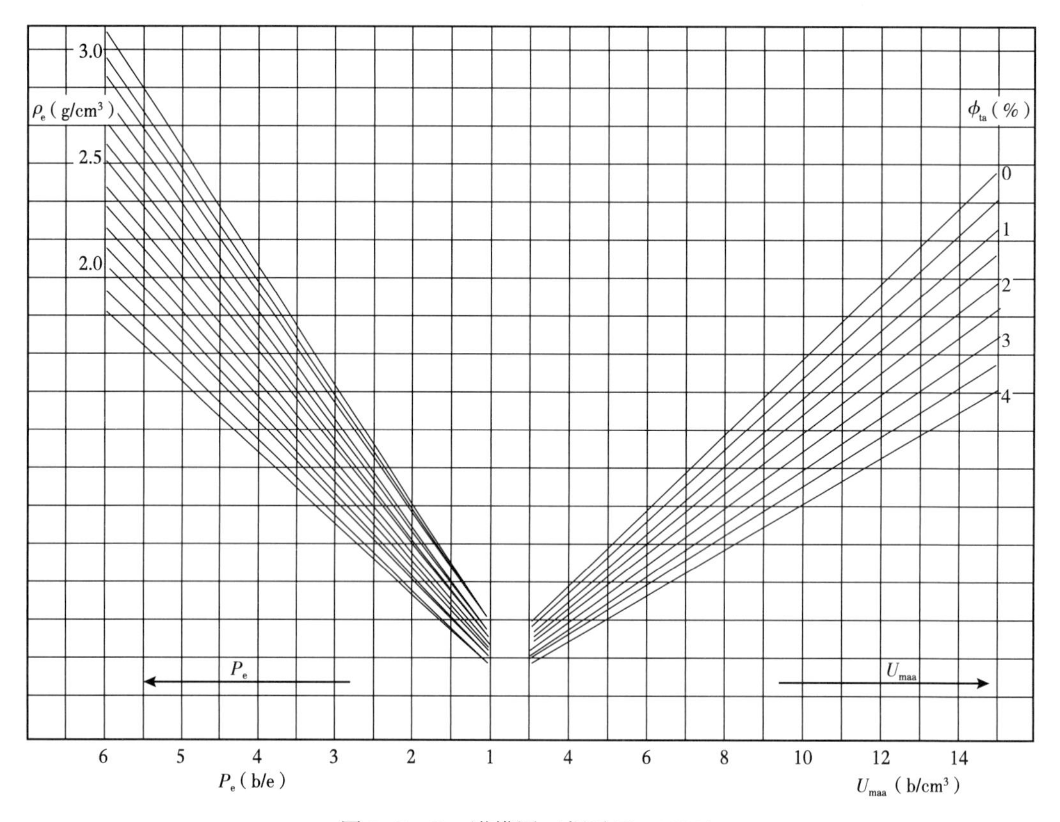

图 5-7　U_{maa}诺模图（据马正，1994）

测井参数常是多种因素的综合反映，其解释也常有多解性。上述几种确定岩性的方法均需要根据经验进行判断，并做出唯一的解释，特别在选择具体方法时更应该考虑地质背景才能获得较好的效果。

5.2.3 数值分析方法

5.2.3.1 地质统计法

利用地质统计法，可从取心井出发，建立已知岩性与其相应测井响应值的关系图版并扩展到未取心井，将其测井响应转换成岩性。

常见步骤是先取数口井的岩心分析资料，以岩心岩性为准，分别在自然伽马—密度（ΔGR—ρ_b）交会图、自然伽马—电阻率（ΔGR—R_t）交会图、中子—密度（ϕ_N—ρ_b）交会图上确定各种实测岩性点的位置，确定各岩性的测井参数值下限，见表5-3。

表5-3 岩性与测井参数的关系（据马正，1994）

测井参数岩性	ΔGR	ρ_b（g/cm³）	R_t（Ω·m）	ϕ_N（%）
砂岩	<0.35	>2.1 <2.4	>8 <20	>15
泥岩/砂质泥岩	>0.35	>2.25 <2.5	>10 <14	>20
钙质砂岩	<0.1	>2.4 <2.65	>20	<15
石灰岩	<0.1	>2.6 <2.75	>20	<15

表5-3中所采用的参数应以ΔGR为准。ρ_b、ϕ_N成果反映岩性、孔隙度，受泥质影响；R_t受孔隙中地层水矿化度影响，其次受岩性影响，它们在判断岩性中起辅助作用。

根据岩心确定的各岩性及相应的孔隙度可以看出孔隙度分布情况。砂岩孔隙度峰值为20%~22%，最低值为12%，与储层物性下限统一。由ΔGR—V_{sh}关系图（图5-8）可知，下限V_{sh}为30%，相应地ΔGR为0.35，与砂岩的相对自然伽马值下限统一。

5.2.3.2 多矿物自动化处理程序

一般而言，3~4个矿物组合多采用几何作图法（即交会图法）解决。但对含有5个以上的多矿物组合求解，则要通过测井响应方程综合处理。这方面已建有多种程序如LITHO-ANALYSIS程序、VOLAN程序、SARABAND程序、GLOBAL程序等。

碎屑岩和碳酸盐岩由于形成条件、矿物组成、成岩作用的不同，具有不同的测井响应特征。综合分析各个响应值域，推断其岩类、矿物组合，选择与之相应的自动解释程序。

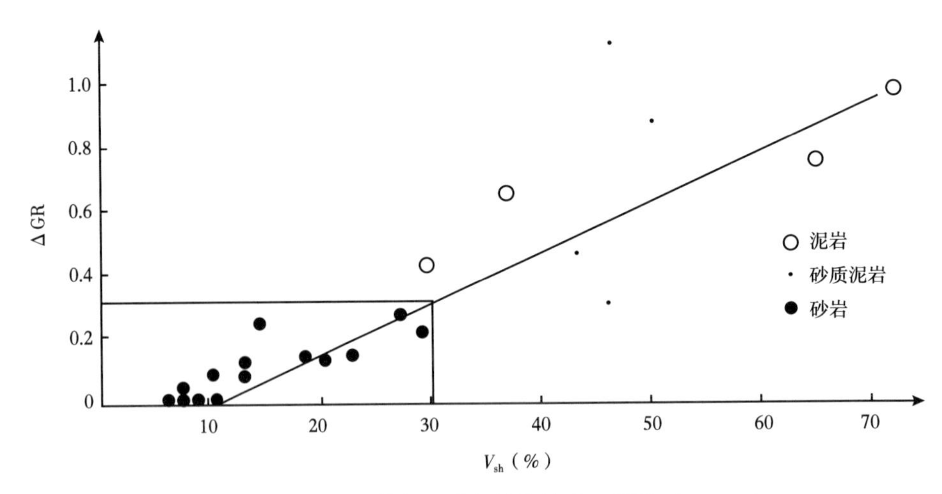

图 5-8　自然伽马值与泥质含量的关系（据马正，1994）

在碎屑岩处理程序中，根据石英、长石、岩屑的相对含量，砂岩可细分为石英砂岩、长石砂岩和岩屑砂岩三类。

在石英砂岩中，石英含量大于 50%~80%，长石含量小于 10%，岩屑含量小于 10%，并含有稳定重矿物锆石、石榴子石。矿物分选好，化学成熟度高，结构成熟度高，颜色淡色—白色，胶结物多为次生二氧化硅或钙质，孔隙度、渗透率均高。其测井响应特征：石英砂岩放射性低，仅含锆石具放射性，在钍（Th）曲线上显示高值；岩石的 P_e、U_{ma} 接近于石英矿物值；在 ρ_b-ϕ_N 交会图上，点值落在砂或砂岩线附近；石英砂岩矿物组分简单，可选砂岩、粉砂岩和黏土组分的 SARABAND 程序、双水模型的 VOLAN 程序，可获得岩性解释剖面。

在长石砂岩中，长石矿物含量不小于 25%，岩屑含量大于 15%且小于 25%。矿物成熟度低，化学成熟度低，以微斜长石、钠长石居多。岩屑中富含云母，略显浅红色，分选性较差，反映结构成熟度也低，其风化产物为高岭石或蒙皂石。长石砂岩多为近源快速沉积产物，成岩作用后，孔隙度、渗透率均低于石英砂岩。其测井响应特征：具有较强放射性，表现其 K 含量大于 1.5% ，Th 含量为 15~30μg/g，P_e、U_{ma} 均高于石英砂岩；在 ρ_b—ϕ_N 交会图上，点一般落在砂岩线之下，有的更接近石灰岩线，SP 显示仍有一定幅度。在解释剖面时，应选择石英、钾长石、斜长石、云母和黏土矿物模型，并选用一套完整的测井系列和 NGS 测井，用 GLOBAL 程序计算。该程序能够在保证测井解释精度的基础上引入约束性的地质条件，实现对岩性的自动解释。

在岩屑砂岩的杂砂岩类中，岩屑含量不小于 25%，长石含量大于 10%且小于 25%，石英含量大于 75%且小于 50%，含不稳定重矿物，化学成熟度低。杂砂岩一般是深灰绿色，质地坚硬，颗粒分选性极差，代表近源快速堆积。结构成熟度低，物性差，为中—低孔隙度、低渗透率层。其测井响应特征：放射性元素含量高，表现出 K、Th、U 曲线上的高值，P_e 为 3~4 b/e，U_{ma}大于 7~8b/cm^3。在 ρ_b-ϕ_N 交会图上，点落在石灰岩、白云岩线间，且成团分布。在解释剖面时，可以选择石英、长石、云母、岩屑、黏土、碳酸盐的矿物模型，长石取钾长石、斜长石，云母取黑云母、白云母，黏土矿物用伊利石和绿泥石，碳酸盐用菱铁矿。提供完整的测井系列，并借助 GLOBAL 程序提供最终岩性解释剖面。

在碳酸盐岩处理程序中，根据碳酸盐岩结构对具有储集性质的生物碎屑碳酸盐岩进行分类，可分为伴有异地碎屑（粉砂）的生物碎屑碳酸盐岩和内碎屑碳酸盐岩。

伴有异地碎屑（粉砂）的生物碎屑碳酸盐岩多属近岸台地上的生物成因的碳酸盐沉积。其测井响应特征：具有弱—中等强度的放射性，取决于岩石中黏土矿物含量，并在 Th 曲线上显示；含铀曲线的变化取决于有机质含量和裂隙发育程度；P_e、U_{ma}介于方解石和石英之间，若有白云岩化作用，P_e、U_{ma}则介于白云石与石英线之间；在 ρ_b—ϕ_N 交会图上，点落在砂岩与石灰岩线间或砂岩与白云岩线之间。矿物模型选石英、方解石、白云石和黏土，可以全部用测井系列及 GLOBAL 程序提供岩性剖面。

内碎屑碳酸盐岩的测井响应特征：具有弱—中等放射性，P_e、U_{ma}在方解石和白云石之间，或在方解石、白云石与黏土之间。在 ρ_b-ϕ_N 交会图上，点落在石灰岩和白云岩之间；含黏土矿物的内碎屑碳酸盐岩点位于交会图白云岩线之右下方，这可以由带 Z 值（标 K 或 Th 值）的 ρ_b—ϕ_N 交会图上识别。定量解释时，多选方解石、白云石、磷酸盐、海绿石、1~2 种黏土矿物，并用 GLOBAL 程序计算出矿物相对含量。

5.3　测井沉积相分析方法

5.3.1　沉积背景分析

S J 皮尔森（1967）认为“与一定规模和形态的地貌单元相对应的一组物理变量和化学变量的集合，即称为沉积环境”。人们通常把沉积环境与发生沉积作用的一定地貌单元（如冲积扇、河流、湖泊、三角洲，等等）相联系，并把沉积环境理解为在某个地貌单元中形成具有特征沉积的一系列物理条件（水动力条件）、生物条件和化学条件的总和。

除了通过地质资料来判别沉积环境，还可通过测井资料来大致判别沉积环境。在碎屑岩地层中根据测井曲线的总体形态（自然电位、电阻率）来辅助判别沉积相。例如，河流相河流沉积主要电阻率曲线为下大上小的塔型，或者底界突变，向上偏移度越来越小，呈箱形；湖泊相电阻率测井曲线呈向上偏移度渐增的倒松塔形。

自然伽马能谱测井可以反映地层的放射性元素，经常被用来判别沉积环境。地层中的放射性元素主要是钍、铀、钾。它们占地层放射性元素总量的99%以上，其他天然放射性元素含量几乎可以忽略不计。自然伽马能谱测井通过探测地层中放射的不同能量的伽马射线，确定地层中放射性元素钍、铀、钾的含量，得到有关沉积环境、黏土类型及含量等各种地质信息。沉积环境、物源及地球化学性质上的差别，使地层中的放射性元素铀、钍、钾的富集程度及相对含量的比例发生变化。浅海碳酸盐岩沉积于清水环境，放射性铀在一定程度上反映了生物富集及演化特征。泥质黏土矿物则影响了钍、钾的分布，成岩后生变化及地下水溶蚀的裂缝都可形成放射性铀的富集。

自然伽马能谱测井对沉积环境响应的规律总结如下：在氧化环境中，钍矿物含量稳定，不易风化，钍含量高通常代表了陆相环境。钾极易被带负电荷的胶体吸附，在黏土矿物中钾含量增高。黏土矿物含量与水动力条件及低能沉积环境有关，钍、钾含量增加可确定泥质含量及黏土矿物含量的增高。铀含量与有机质还原作用关系密切，与岩石中有机碳含量有好的正相关关系。铀含量高通常代表了海相环境，钍钾比低则反映还原环境，反之则处于氧化环境。

5.3.2 沉积构造分析

沉积构造指沉积岩的各个组成部分之间的空间分布和排列方式，是沉积物在沉积期或沉积后通过物理作用、化学作用和生物作用形成的。沉积构造的种类繁多，按其成因可分为流动成因构造（层理构造、层面构造）、同态变形构造、生物成因构造、化学成因构造和其他成因构造等五大类。处理后的地层倾角测井及成像测井资料可以对一些典型的沉积构造、沉积结构进行解释，如冲刷面、层理类型、纹层组系产状及其垂向变化等。

5.3.2.1 地层倾角模式解释方法

高分辨率地层倾角测井包含大量的沉积结构和构造方面的信息，在沉积学研究中发挥着重要的作用。HDT、CL3000测角仪及部分电阻率成像测井可以反映岩石内部界面的倾角和倾向，成像测井可从图像上直接识别倾角，本章不做过多赘述。应用于沉积学中的倾角测井需作特殊处理，即短相关对比或精细模式识别的交互处理，以及借助信息更丰富的成像手段。

倾角模式对应着不同的地质含义。使用地层倾角测井研究构造和沉积时，可在矢量图上将地层倾角的矢量与深度关系大致分为四类（图5-9）。

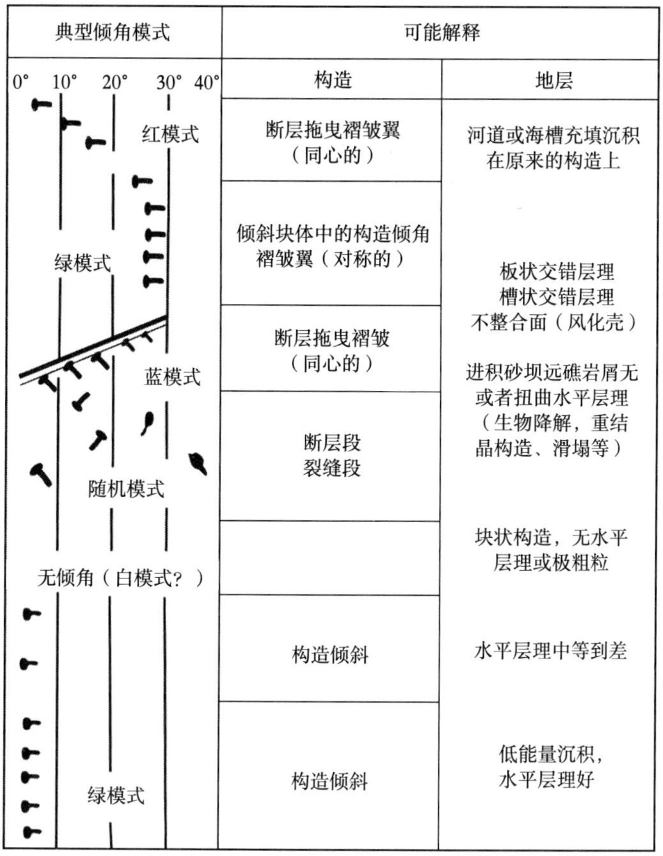

典型倾角模式	可能解释	
0° 10° 20° 30° 40°	构造	地层
红模式	断层拖曳褶皱翼（同心的）	河道或海槽充填沉积在原来的构造上
绿模式	倾斜块体中的构造倾角褶皱翼（对称的）	板状交错层理 槽状交错层理 不整合面（风化壳）
蓝模式	断层拖曳褶皱（同心的）	进积砂坝远礁岩屑无或者扭曲水平层理（生物降解，重结晶构造、滑塌等）
随机模式	断层段 裂缝段	
无倾角（白模式？）		块状构造，无水平层理或极粗粒
	构造倾斜	水平层理中等到差
绿模式	构造倾斜	低能量沉积，水平层理好

图 5-9　地层倾角模型和与其相关的地质异常（据王贵文，2000）

红模式：倾向大体一致，倾角随深度增加而增大的一组矢量模式，配合其他测井曲线可以指示断层、沙坝及河道、岩礁等。

绿模式：倾向、倾角随深度变化保持相对稳定的一组矢量模式，指示倾斜和水平层理等。

蓝模式：倾向大体一致，倾角随深度增加逐渐变小的一组矢量，一般反映地层水流层理、不整合等。

随机模式：倾角变化幅度大，或者矢量很少，可信度差，指示断层面、风化面或者块状地层等。

每一种模式的代表性是相对简单和存在多解性。在沉积学研究中目标是岩石内部的微细层面，沉积岩中哪一级层面才能计算出来并组成模式至关重要。只有那些可以切过井筒的中—大型层理沉积构造的变化面，才有可能被地层倾角测井四臂电极探测到，并计算出其产状，而在井筒中不成平面或在井筒中弯曲变化剧烈的小型层理是难以被计算出来的。

建立地层倾角沉积构造解释模型是识别沉积构造的关键。岩性单元内部和岩性单元之间的层理几何形态和空间关系，是成因地层层序中沉积成因单元的基本特征。在区域规模和局部规模上描绘“层理形式”和“沉积构造”能为沉积过程及判断沉积相（沉积环境）提供大量资料。倾角矢量模式是测井分析地层沉积构造最有效的方法之一。每一种地层倾角模式及其组合形态都存在多解性。在用地层倾角建立沉积构造解释模型时，要在精细的微观分析的基础上充分结合沉积规律，去伪存真。

5.3.2.2 层理构造测井分析

沉积构造包括层理构造、层面构造和其他构造。层理是沉积岩最典型、最重要的特征之一，是沉积物沉积时水动力条件的直接反映，是沉积环境的重要标志之一。岩性单元内部和岩性单元之间的层理几何形态和空间关系，是组成盆地充填物的成因地层层序中沉积成因单元的基本特征。

层理角度反映水动力强弱。一般来说，同一环境下水动力强形成高角度斜层理或平行层理，水动力弱时形成低角度斜层理或水平层理。同一沉积环境下层理角度纵向上变化反映水动力纵向变化，这种变化趋势常常作为区分沉积微相的特征标志。经岩心刻度测井后，测井资料在层理识别方面有明显优势。倾角测井资料能够连续地给出某段地层的层理倾角和倾向。不同的环境，层理角度总体待征也不同。一般海相地层层理角度为5°~14°，而河流成因层理角度经常超过25°。用成像测井和倾角矢量模式能够有效地识别各种层理构造（图5-10）。

在地层倾角的沉积学处理中，地层倾角矢量图和成像测井图像是用于判断沉积构造及其组成的主要依据。一般认为其矢量的红模式、绿模式、蓝模式、随机模式及其组合形式是分析微细层理形态、类型的基本方法，同时可以用来分析古水流或沉积物搬运方向、沉积体延伸及加厚方向。这都源于矢量图代表的界面及矢量的趋势模式，是碎屑物质沉积时的水动力能量逐渐变化的真实反映。在工作中要对交互处理的成果用岩心资料反复刻度，建立正确的地层倾角矢量模式图，由已知到未知，从解释模型到未知层段，逐层解释沉积构造及其组合关系。

层理是岩石性质沿垂向变化的一种层状构造，并通过矿物成分、结构、颜色的突变或渐变而显现出来。层理按其形成单元大致划分为纹层、层系、层系组及层序。地层倾角测井的矢量图一般反映地层层序之间的层面，精细的地层倾角处理矢量图和电导率成像一般可以反映层系或层系组以下的各种层理面。按形态特征，典型层理有水平、平行、倾斜、交错、波状和变形等类型。

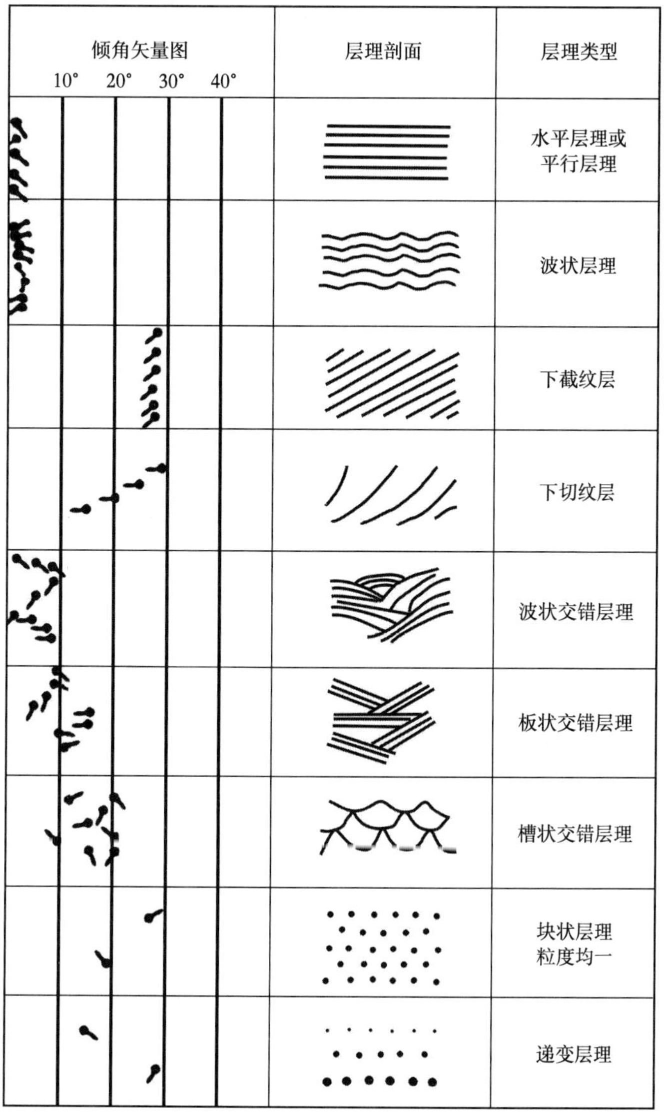

倾角矢量图 10° 20° 30° 40°	层理剖面	层理类型
		水平层理或 平行层理
		波状层理
		下截纹层
		下切纹层
		波状交错层理
		板状交错层理
		槽状交错层理
		块状层理 粒度均一
		递变层理

图 5-10 各种层理的理想倾角模式（据吴元燕，1996，有修改）

（1）水平层理和平行层理。

这两种层理都呈水平状，互相平行，一般形成于相对稳定的沉积环境中。水平层理表示水动力弱，沉积物质从悬浮物或溶液中沉淀而成，多为细粒的粉砂和泥质沉积，在海湖的深水地带、闭塞海湾、沼泽等地区出现。平行层理代表水动力强，沉积物质由牵引流引起沉积分异作用形成，多为砂岩沉积，在河流、三角洲及滨岸环境中出现。两种层理的分布都十分广泛。

水平层理和平行层理在倾角矢量模式图上一般都表现为小角度绿模式。若存在于黏土矿物，自然电位曲线显示为旋回重复。图 5-11 是典型的水平层理的倾角矢量模式图。在成像测井图像上，水平层理和平行层理通常表现为明暗相间的平行条带。

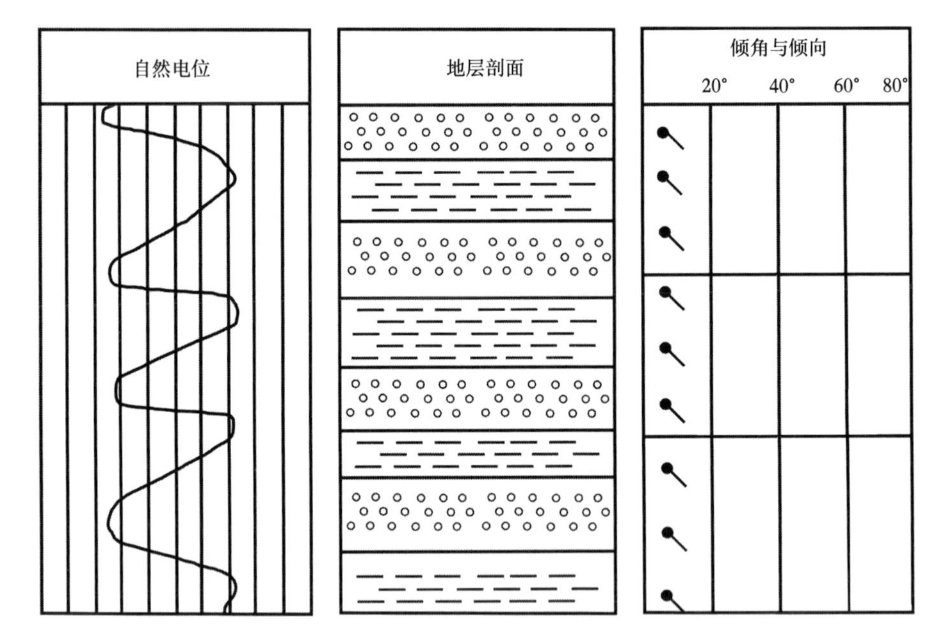

图 5-11　平行层理倾角模式与 SP 曲线形态

（2）倾斜层理。

倾斜层理也称为斜层理，是由搬运碎屑物质的水或风做单向流动形成的，其层理倾斜，与岩层面以一定角度相交。如河床、三角洲沉积中，水流急速时，会形成直线形斜层理，其层系平直，地层倾角较大（一般大于 20°），由粗粒碎屑如砂、砾石组成。水流缓慢时，形成弧形斜层理，层系向底部收敛，地层倾角一般为 15°～20°，由细粒碎屑组成。倾角测井模式一般为绿模式或蓝模式（图 5-12）。在 FMI 图像上，斜层理往往对应于一组有明暗条纹显示的正弦波曲线，并且可以准确计算出每个层系、纹层的界面产状。多种角度不同的斜层理就形成了交错层理。

（3）交错层理。

由若干个斜层系组成，其特征是层系界面彼此交错切割，各层系中细层倾向多变不一。交错层理是由于搬运介质流动方向频繁变化形成的。如水流变化频繁，可形成楔形交错层理；水流流向不变，速度变化，形成板状交错层理；在河流相中，水流速度加强，河流底部沉积表面受到冲刷形成槽谷，水流变缓，槽谷充填形成槽状层理，反复多次形成槽状交错层理。因此，交错层理有楔状、板状、槽状之分。交错层理的倾角矢量模式比较复杂，随各层系的角度、倾向、组合方式变化而变化（图 5-13）。

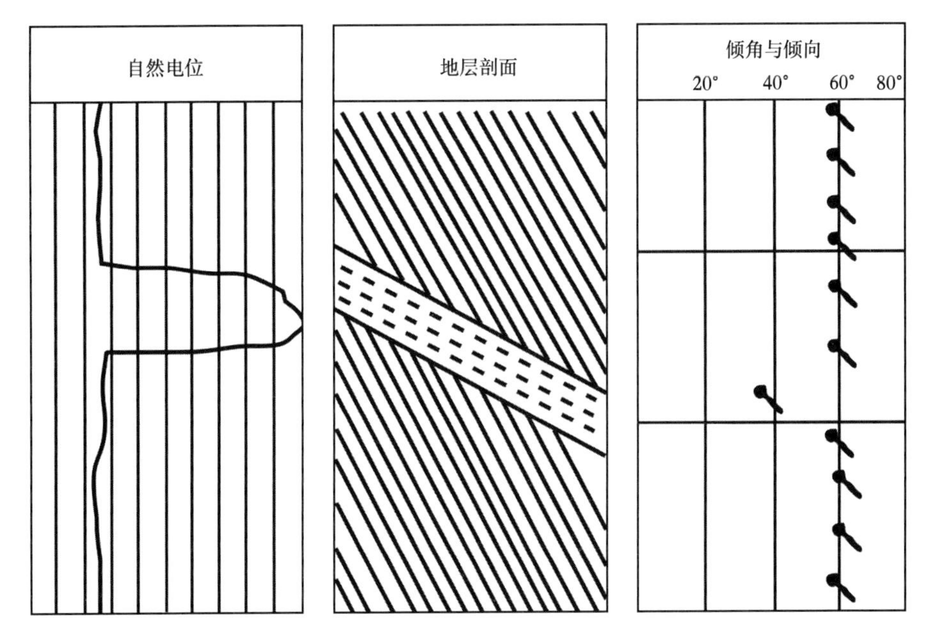

图 5-12　倾斜层理倾角模式与 SP 曲线形态

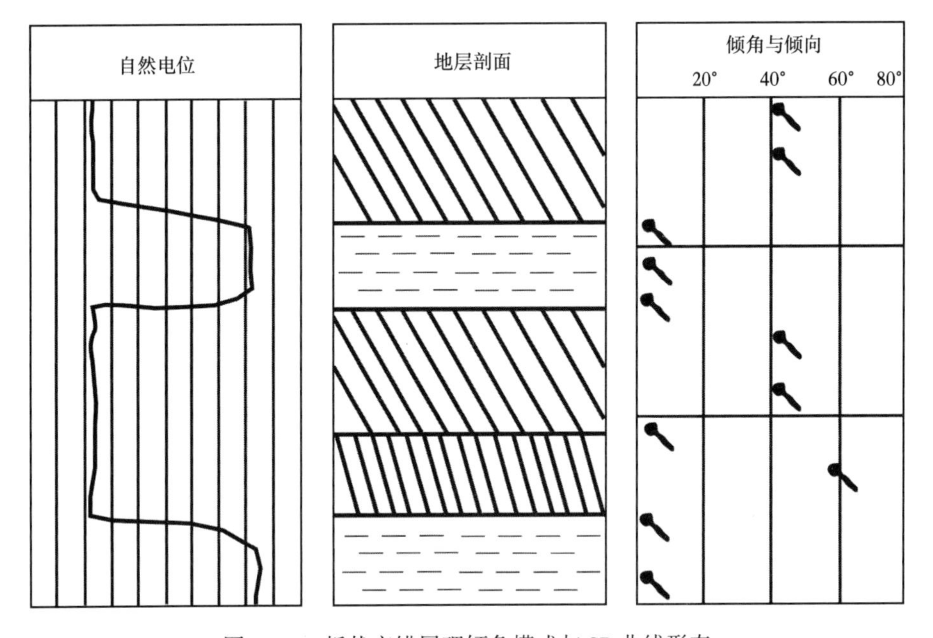

图 5-13　板状交错层理倾角模式与 SP 曲线形态

槽状交错层理的测井解释图版表现为一组短模式线连接的红模式、蓝模式组合，底部往往为模式间断处显示的冲刷面。板状交错层理测井解释图版表现为一组模式线与彼此平行的红模式、蓝模式组合。楔状交错层理测井解释图版表现为一组模式线与彼此交叉的红模式、蓝模式组合。小型砂纹交错层理表现为红蓝模式或杂乱模式。浪成冲洗双向低角度交错斜层理测井解释图版表现为低角度的红模式、蓝模式组合间互，矢量模式方向相反。交错层理在成像测井图上更容易识别。在FMI图像上，当交错层理的层系发生变化时，图像条纹的颜色也会出现明显变化，很容易根据层系界面的颜色变化确定交错层理的类型。图5-14是槽状交错层理和冲刷面在FMI图像上的显示。

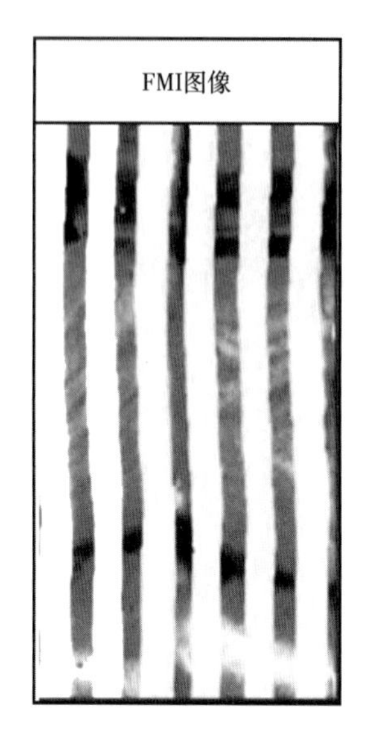

图5-14　槽状交错层理和冲刷面

（4）变形层理。

岩层层理发生扭曲变形的层理即为变形层理。层理变形的原因很多，如尚未完全固结的沉积物由于重力作用形成的滑塌，或在成岩过程中压力的作用使岩性较软的岩层层理发生扭曲变形。变形层理倾角矢量可能表现为红模式或蓝模式。在成像测井上，可以根据图像的扭曲和变形进行识别。

5.3.2.3　不整合面测井分析

不整合面是测井沉积学分析中要识别的重要界面，是由于地壳运动造成沉积间断，沉积地区再次下降接受沉积而形成的地层分界线。不整合面使地层剖面中缺失了某一时期的部分地层，时代上不连续，上下地层产状有时会有明显的不同。这样的接触关系叫做不整合接触。

（1）平行不整合。

平行不整合也叫假整合，其形成过程可简单地表示为：下降沉积→上升遭受剥蚀→再次下降接受沉积。平行不整合面上、下两套岩层的产状基本相同，上、下两套岩层的界线在广大地区内平行但缺失部分地层或化石带。

当侵蚀面的倾角与方位角没有变化时，平行不整合在倾角图上就无显示。当侵蚀面有风化带时，倾角图显示为杂乱倾角。如果侵蚀面产生局部的高点和低点，再沉积时在低洼处形成充填式沉积，倾角图显示为红模式或蓝模式，平行不整合也有可能识别。

（2）角度不整合。

角度不整合的形成过程可简单地表示为：下降沉积→上升、褶皱、断裂并遭受剥蚀→再次下降接受新的沉积。角度不整合明显地表现为不整合上、下两套岩层的产状不同，伴随地层缺失，在不整合面上有明显的剥蚀痕迹。

角度不整合在倾角矢量图上表现为倾角或倾向突变，一般情况下不整合上覆地层倾角较小，下伏地层倾角较大。这种突变在区域上可以对比，区别于断层仅引起局部地层产状突变。若出现相反情况必须经历二次或多次构造运动。角度不整合表现在新地层覆盖在老地层上，地层层段的缺失具有区域性，以此可与钻遇正断层井点的层段缺失区分开。角度不整合面上、下地层倾角矢量不同，下部矢量倾角要大。两组矢量分界处，在排除断层因素后，可定为不整合面。有时下伏地层受风化、重力塌方的影响，不整合面下层面产状可有蓝模式矢量出现，此时不整合面应定在蓝模式顶界；有时上覆地层为剥蚀后充填式沉积，可能有红模式矢量出现，不整合面位置应定在红模式底界。由测井曲线、矢量图判定的不整合面深度不一，其差值代表风化残积层的厚度（图 5-15）。

在矢量图上大型绿模式反映一次或多次构造运动后的构造产状。若忽略差异压实对产状的影响，可以通过逐级构造删除法研究构造的演化历史。

5.3.3 古流向测井分析

地质上研究古水流的方法很多，野外测量沉积构造进积纹层的倾角是最直观、最准确的方法。倾角测井能够反映沉积构造信息，准确计算反映古水流方向的层理倾向、倾角。对于地下地质研究，利用倾角资料分析古水流是最重要的方法。古流向的确定方法有两种：一是利用倾角测井微细处理成果图，统计目的段内所有纹层倾向，取其主要方向代表古流向。这种方法称为全方位频率统计法。二是统计目的层段内所有红模式或蓝模式矢量的方向，取其主要方向代表古流向。

5.3.3.1 全矢量方位频率图法

全矢量方位频率图法就是将一段砂层中所有矢量进行方位统计，作成方位频率图，哪一个方位点最多，就表明主要的水流方向。某段河道砂的全矢量方位频率如图 5-16 所示，清晰地表明水流方向为南西方向。该方法效果好，十分简便。

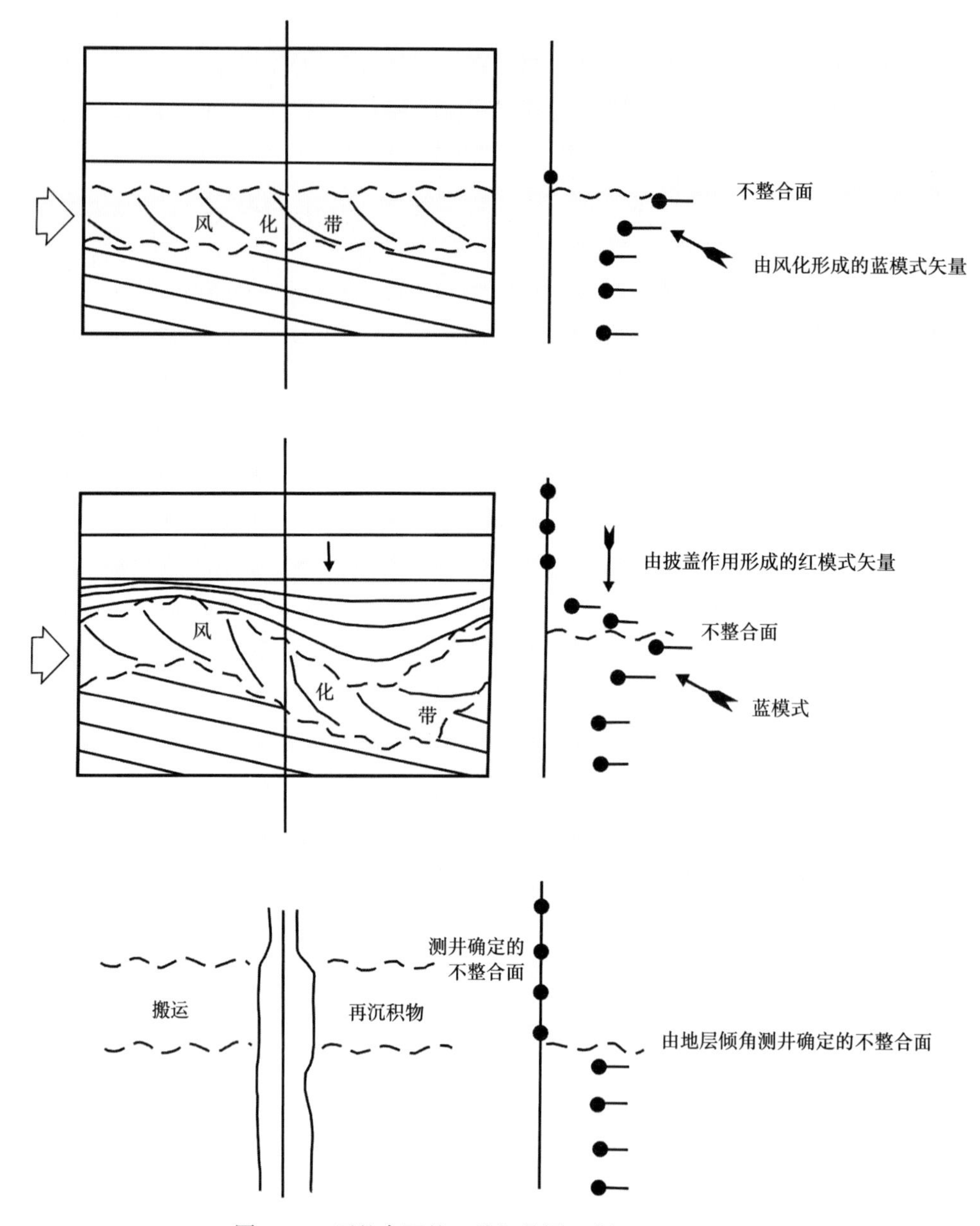

图 5-15　不整合面的三种矢量图（据 Schlumberger）

5.3.3.2　红模式、蓝模式法

在短对比矢量图上某段砂岩层点表现较为杂乱，但只要按照红模式、蓝模式法将砂岩层中的矢量进行分类就会清晰。统计目的层段内所有蓝模式矢量的方向，其主要方向即代表古流向。连接矢量时需要把深度接近、方位大致相同的矢量箭头相连。倾角很大时，只有方位角相近时才能相连。

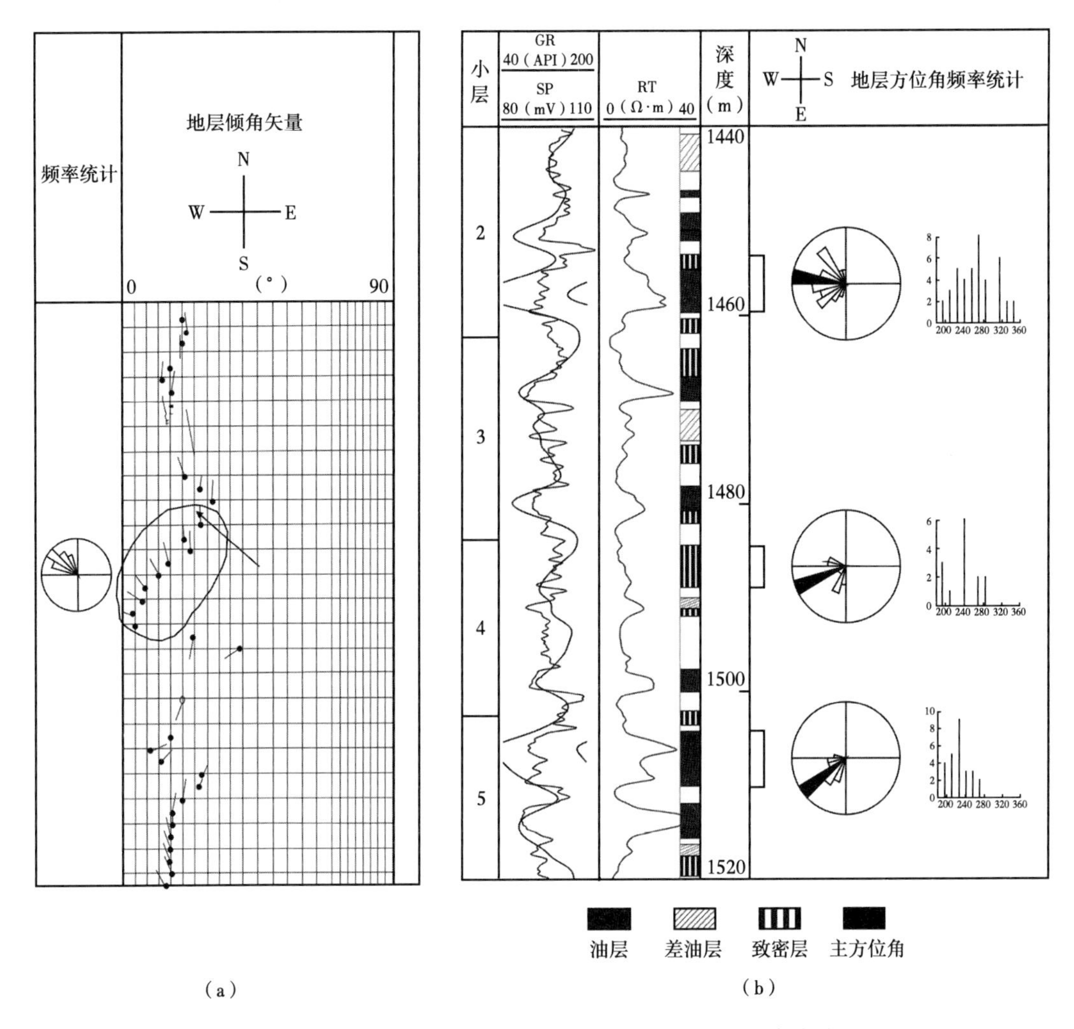

图 5-16 (a) 地层倾角矢量图和 (b) 全矢量方位频率统计图

5.3.4 关键井沉积相“岩心刻度测井”

为了研究沉积相和测井相之间的对应关系，要充分利用第一性资料（岩心）来标定第二性资料（测井）。通过岩心等地质资料对沉积亚相、沉积微相进行反复刻度和反演，总结针对不同沉积亚相和微相的测井相标志，确定测井沉积相。岩心刻度测井是决定测井沉积学分析是否准确的关键步骤。关键井要尽量选择位于构造有利部位、取心资料和分析化验资料齐全、测井条件良好（井眼条件要好，钻井液正常）、裸眼测井资料齐全、地层测试资料丰富，并有大量的生产动态资料的井位。

5.3.4.1 沉积微相的岩心识别

沉积微相指在亚相带范围内具有独特岩石结构、构造、厚度、韵律性等剖面沉积特征及一定的平面配置规律的最小沉积单元。沉积微相标志是沉积微相划分的关键，不能找到有效的相标志就无法正确地划分沉积微相。确定性相标志的取得主要来自对岩心详细的观察。

（1）颜色。

颜色是沉积岩最直观、最明显的标志，是沉积环境的良好指示。在水体较浅或氧化环境中，岩石的颜色多为浅色和氧化色，主要表现为灰白色、浅灰色、黄色、紫红色等；在水体较深或还原环境中，岩石的颜色多为深色及还原色，主要表现为灰绿色、深灰色、灰褐色、灰黑色和黑色等。河流、三角洲和浅湖的砂岩水体较浅，一般为浅灰色、灰色；半深湖或分流间湾处的粉砂质泥岩、泥岩一般处于还原—半还原环境，多为灰绿色、灰黑色或黑色。

（2）沉积岩石学特征。

根据薄片鉴定统计分析可得出砂岩中石英、长石及岩屑的百分含量，从而判定碎屑物质搬运的远近。沉积物的结构特征主要包括沉积颗粒的粒度、磨圆度、分选性和基质性质及其含量等，是沉积物源颗粒搬运方式、搬运距离和沉积水动力条件等的综合反映。

（3）沉积构造特征。

沉积构造（主要指流动成因的沉积构造）记录了地层在初始沉积时的环境、气候等多方面的因素。研究沉积构造对确定沉积环境、划分沉积微相具有十分重要的作用。

（4）生物特征。

生物遗体指植物叶片、茎干、根及各种动物化石等。生物遗迹构造指保存在沉积物层面及层内的生物活动的痕迹，如保存在沉积物层面上的爬迹和停息迹，保存在层内的居住迹、钻孔迹等。最常见的和应用最广泛的是虫孔，包括垂直虫孔和水平虫孔，其虫孔一般指示为湖相环境。另外，还有生物扰动构造，一般是在浅水环境中底栖生物对未固结沉积物的各种扰动和破坏，使沉积体变形，造成层理不规则，一般为直立或倾斜的洞穴状和漏斗状。

5.3.4.2 沉积微相岩心刻度测井

岩心资料是最直观的沉积微相划分依据，沉积构造特征为微相划分提供了直接依据。以常规测井处理解释的岩性剖面、倾角测井沉积学处理成果和FMI成果解释的沉积构造序列为主。结合地质岩心描述和分析化验资料，综合建立关键井目的层段的测井沉积亚相、微相模型。以某三角洲沉积为例，建立了岩心沉积微相和测井曲线响应的关系。

该区水下分流河道为砂砾岩或砂岩组合，夹薄层泥岩，发育楔状交错层理、槽状交错层理，小型沙纹交错层理也较常见，反映了强水流条件作用的沉积特点。底部通常可见冲刷，含泥砾，向上变细，构成下粗上细的正韵律层。该微相自然电位曲线上表现为中等幅度的小钟形或不明显的钟形负异常组合，视电阻率曲线表现为锯齿状钟形或箱形特征（图 5-17）。

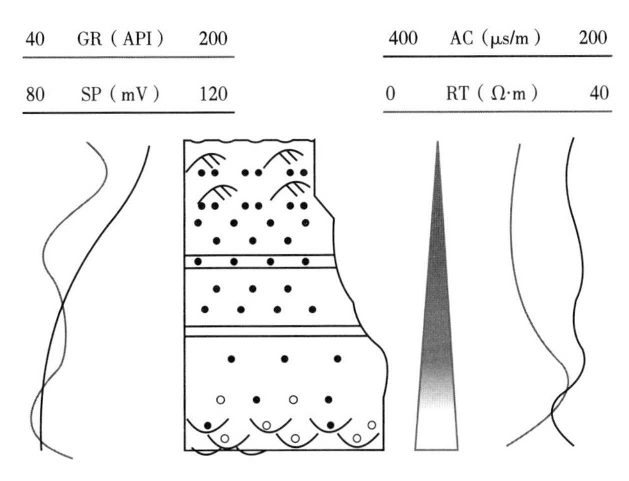

图 5-17　水下分流河道岩心—测井响应图

河口坝微相由分选较好的含砾砂岩和砂岩组成，与灰色泥岩构成互层。层理发育，以低角度交错层理和平行层理为主，也可见小型浪成沙纹层理。岩性自下而上由泥质粉砂岩、粉细砂岩、含砾砂岩、砂质细砾岩组成下细上粗的反韵律结构。自然电位曲线为漏斗状负异常组合，而视电阻率则表现为锯齿状漏斗形（图 5-18）。

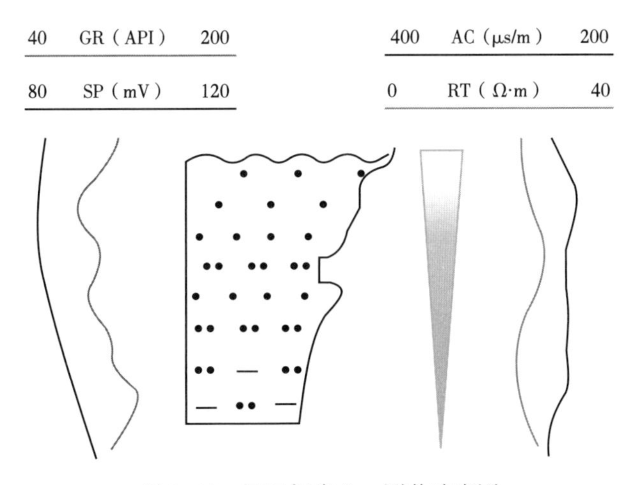

图 5-18　河口坝岩心—测井响应图

远沙坝与河口坝沉积特征相似，但其粒度较河口坝细，分选更好，由泥质粉砂岩、粉砂岩和细砂岩组成反韵律结构（图5-19）。单层厚度较河口坝小，测井曲线表现为中等幅度漏斗形或舌状。

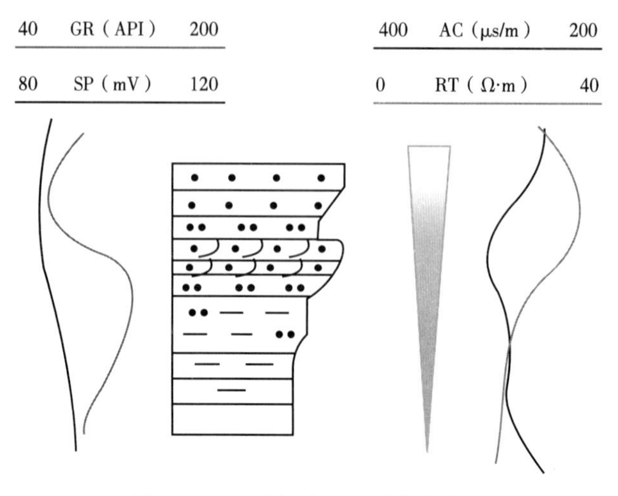

图5-19 远沙坝岩心—测井响应图

席状砂是三角洲前缘亚相中较为发育的微相类型，分布在三角洲前缘亚相的前部，其空间上分布稳定，构成了三角洲前缘前部的主体沉积（图5-20）。岩性为细砂岩、粉细砂岩、泥质粉砂岩和深灰色泥岩组成的不等厚互层，与前三角洲泥岩形成多期互层。自然电位曲线为低幅度小型不规则指状和舌状负异常组合。

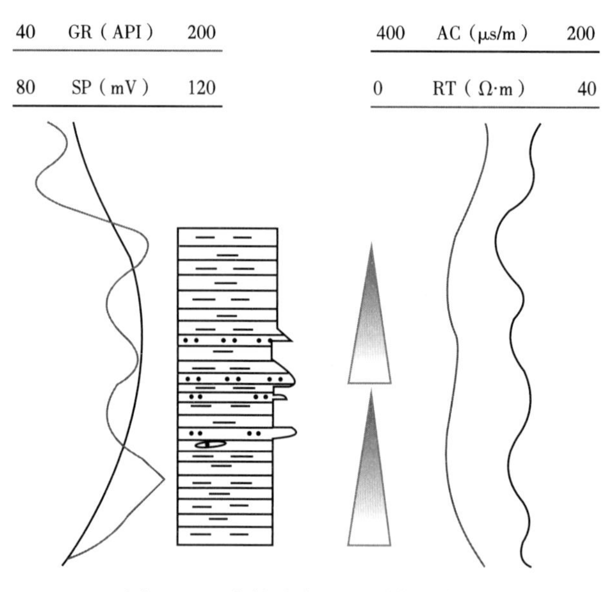

图5-20 席状砂岩心—测井响应图

水下分流间湾为水下分流河道之间的沉积，前端常与湖相连。其岩性主要为泥岩、粉砂质泥、泥质粉砂岩，也可有细—粉砂岩透镜体存在。间湾泥在层序上往往与前三角洲泥岩渐变，沉积构造以水平层理、透镜状及波状层理为主。

5.3.5　测井相模板的建立

5.3.5.1　测井曲线形态学模板

不同地区的沉积特征不同，其测井曲线形态特征也有变化。为判别测井沉积相，要合理地划分出该地区的各种测井相。测井相的命名尽量与沉积相的命名一致。测井相应尽量包括了该地区所有可能出现的测井相。换言之，从该地区任选一个标型测井段，其测井相必定要属于且仅属于其中某一个测井相。各相之间应具备明显差异，容易根据这些特征进行区分。

从测井曲线中可辨认的各种理论沉积模式，结合艾伦（1975）曲线基本类型和形态要素，针对整个沉积层序中呈旋回分布的颗粒大小、岩矿成分在测井曲线上的不同反映，各类沉积环境的曲线组合特征及主要相标志如图 5-21 所示。

5.3.5.2　测井数据统计学模板

一系列离散的测井数据包含了各种地下地质特征和沉积环境的反馈信息。利用统计学原理，从中提取出表征沉积环境的各种特征参数，通过各种参数的单因素或多元分析进行沉积相的划分。

（1）模式识别。

测井相的划分实质上是对古沉积环境测井的划分。不同的沉积环境，如河流环境、三角洲环境等，都具有独特的生物、物理和化学特征，包括沉积岩石学的各种特征，如成分、结构、构造、生物、层序、砂体形态、剖面构造、横向变化等。这些特征也必然在测井数据上有所反应。通过建立某地区的测井沉积相模型，应用模式识别的各种处理方法，便能划分出该地区的各种沉积相及沉积微相。通过对该区典型沉积微相进行分析，总结了各微相的测井数据范围，见表 5-4。

（2）神经网络。

测井相与沉积微相之间是复杂相关的，无法用简单数学方法表示出来。与图像处理、语音识别与理解等计算机处理方法一样属于非结构性问题，难于用数学语言精确描述。神经网络是一种通过模拟人的大脑神经结构去实现人脑智能活动功能的计算机信息处理系统。构成神经网络的基本三要素是处理单元（神经元）、网络结构和学习算法。利用神经网络进行沉积相的测井解释是一种全新的思维方式，具有完善的学习功能、自适应能力、

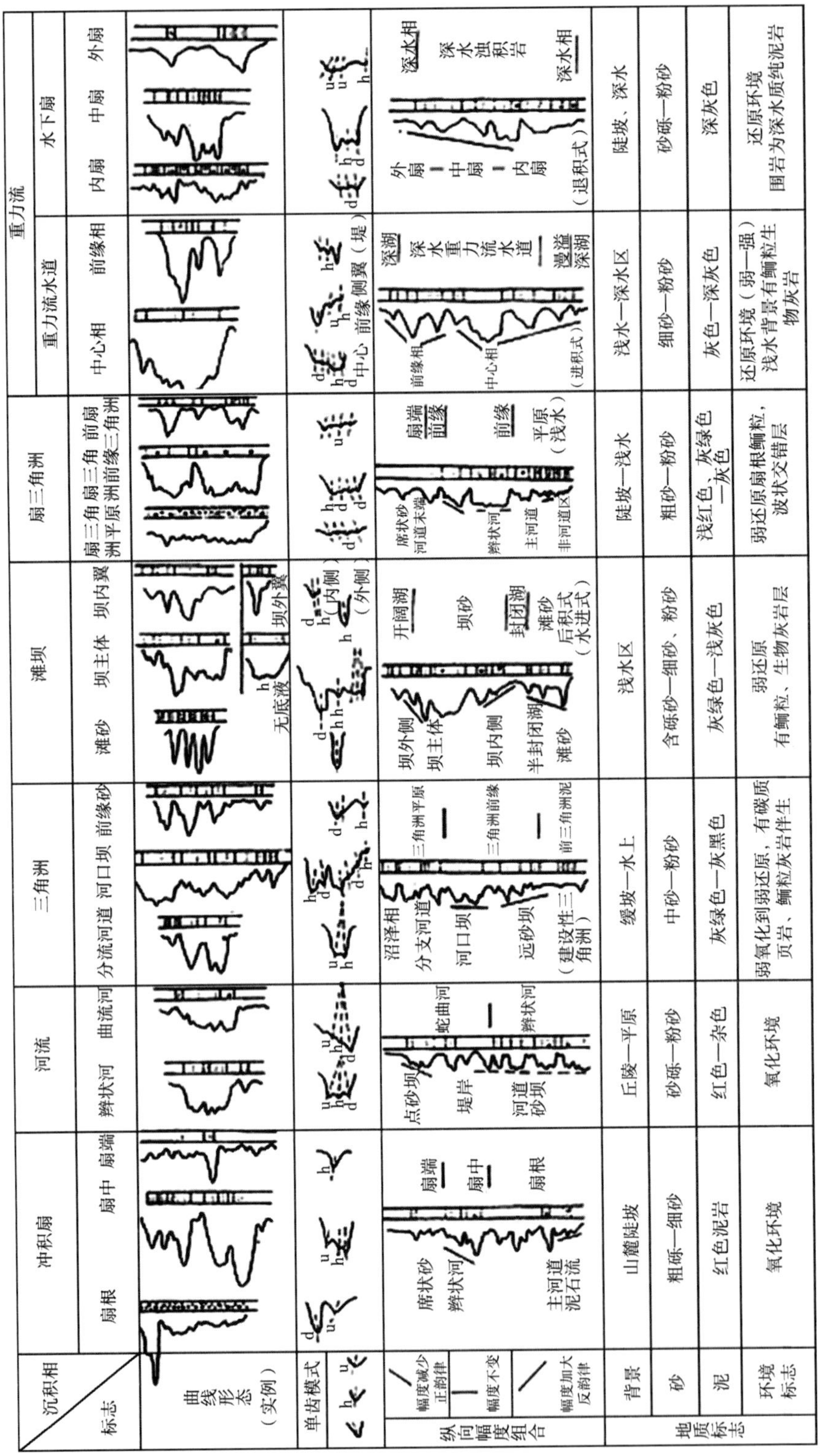

标志＼沉积相	冲积扇	河流	三角洲	滩坝	扇三角洲	重力流水道（重力流）	水下扇（重力流）
亚相	扇根　扇中　扇端	辫状河　曲流河	分流河道　河口坝　前缘砂	滩砂　坝主体　坝内翼	扇三角洲平原　扇三角洲前缘　前扇三角洲	中心相　前缘相	内扇　中扇　外扇
曲线形态（实例）				无底液；坝外翼			
单齿模式				（内侧）（外侧）		中心　前缘　侧翼（堤）	
纵向幅度组合（幅度减少正韵律；幅度不变；幅度加大反韵律）	席状砂、辫状河、主河道泥石流；扇端—扇中—扇根	点砂坝、堤岸、河道砂坝；蛇曲河—辫状河	沼泽相、分支河道、河口坝、远砂坝（建设性三角洲）；三角洲平原—三角洲前缘—前三角洲泥	坝外侧、坝主体、坝内侧、半封闭湖、滩砂；开阔湖、坝砂、封闭湖、滩砂后积式（水进式）	席状砂、河道末端、辫状河、主河道、非河道区；扇端前缘、前缘、平原（浅水）	前缘相、中心相（进积式）；深湖、深水重力流水道—漫溢深湖	外扇—中扇—内扇（退积式）；深水相、深水浊积岩、深水相
地质标志：背景	山麓陡坡	丘陵—平原	缓坡—水上	浅水区	陡坡—浅水	浅水—深水区	陡坡、深水
地质标志：砂	粗砾—细砂	砂砾—粉砂	中砂—粉砂	含砾砂—细砂、粉砂	粗砂—粉砂	细砂—粉砂	砂砾—粉砂
地质标志：泥	红色泥岩	红色—杂色	灰绿色—灰黑色	灰绿色—浅灰色	浅红色、灰绿色—灰色	灰色—深灰色	深灰色
地质标志：环境标志	氧化环境	氧化环境	弱氧化到弱还原，有碳质页岩、鲕粒灰岩伴生	弱还原有鲕粒、生物灰岩层	弱还原扇根鲕粒，波状交错层	还原环境（弱—强）浅水背景有鲕粒生物灰岩	还原环境围岩为深水质纯泥岩

图5-21　各种沉积相的自然电位测井曲线测井相模板

联想记忆及独特的信息处理方式等，能较好地完成多参数、多模式的测井沉积相识别。尽管神经网络具有一定的“智能”处理能力，但在寻求“模式库”与实际资料的“相似性”时，仅依靠测井资料有时仍难以获得令人满意的效果。只有运用此技术的解释人员同时具有一定区域背景知识和地质解释经验，才能获得真正令人满意的结果。

表 5-4 金 24 井测井沉积微相模式（据胡俊，1999）

微相	R1（Ω·m）	GR（API）	AC（μs/ft）
泥质浊流	23.6~28.0	261.5~72.5	183~192
泥坪	18.5~24.5	95.0~100.5	173~186
砂坪	48.5~54.6	48.5~52.5	231~250
介屑滩	28.5~37.5	65.0~85.5	217~225
三角洲前缘席状砂	40.8~45.6	58.5~85.5	204~216

随着深度学习及人工智能技术的进步。应用神经网络和大数据方法建立新型的测井相模板成为了新的发展趋势。

6　典型沉积相的测井分析

沉积相是沉积岩和沉积环境的综合。沉积岩主要包含碎屑岩和碳酸盐岩两大类，沉积环境主要包含陆相和海相两大类。本章将分别对典型的陆相碎屑岩沉积和海相碳酸盐岩沉积进行测井分析。其中，典型的陆相碎屑岩沉积相按照距离物源的远近依次选取典型冲积扇相、河流相、湖泊相和过渡相带的三角洲进行测井分析。海相碳酸盐岩则从相对典型的碳酸盐岩相带（亚相）入手，主要探讨具有典型特征碳酸盐岩的礁相、滩相和坪相的测井分析。

6.1　冲积扇相

6.1.1　沉积特征

当山谷中的季节性洪水进入盆地时，地形坡降变缓，水的流速急剧降低，水流分散，形成许多分流河道。洪水携带大量碎屑物质在山口外顺坡向下堆积，形成中心厚度较大并向盆地伸展的扇形楔状沉积体，即冲积扇相。

冲积扇相的形成和发展受自然地理、气候条件和地壳升降运动等因素的制约，一般可达数十至数百平方千米。冲积扇的厚度变化较大，可为几十到几百米。扇面的倾角一般为3°~6°。冲积扇距物源区很近，它的碎屑成分与山区母岩成分基本一致，岩性主要组成是砾石、砂及泥质，具有颗粒粗、粒级范围大、分选性很差和成分复杂的特点。冲积扇相可以单独发育，也可以沿着山系前缘，扇扇相接，形成裙带。在断陷盆地的边缘，常常有多个冲积扇共同发育，形成沿山麓分布的带状或裙边状的冲积扇群或山麓堆积，又称山麓—洪积相。冲积扇群是识别断陷盆地的重要标志。根据冲积扇群的位置可以圈定断陷盆地的范围。就冲积扇相的储油性质而言，扇中辫状河道砂岩体的物性较好。若临近有油源条件，油气可以聚集在扇中辫状河道砂岩体中。

6.1.2　测井响应

根据现代冲积扇相地貌和沉积物的分布特征，将冲积扇相分为扇根、扇中、扇端三个沉积亚相。在冲积扇相的形成和发育过程中，沉积物的堆积速度与接受沉积的盆地沉降速度可能不相同，这就使冲积扇相砂体发生进积过程或退积过程。沉积物的堆积速度大于盆地的沉降速度时，冲积扇相沉积物将逐渐向盆地方向推进，使扇中沉积物置于扇端沉积物之上，而扇根沉积物又置于扇中沉积物之上，从而形成自下而上由细变粗的进积型反粒序纵向层序。相反，沉积物的堆积速度小于盆地的沉降速度时，冲积扇沉积物会向物源区方向退积，结果形成下粗上细的退积型正粒序纵向层序。

根据沉积作用发育的位置和沉积物特征，冲积扇相可划分为泥石流沉积、辫状河道沉积、片流沉积、筛积物沉积和扇前冲积平原等沉积微相。冲积扇相可以由某种单一沉积类型组成，如泥石流的单一沉积，但多数冲积扇相是由几种沉积类型组合而成的。

6.1.2.1 扇根泥石流沉积

在整个冲积扇相上，扇根的沉积坡度最大。扇根的电阻率测井曲线多为箱形，自然电位曲线显示钟形。扇根沉积可分为泥石流和主河道两类。泥石流沉积多出现于扇根处靠近出山口的位置。岩性为泥质砾岩或泥质砂砾岩，泥、砂、砾石等混杂堆积，碎屑分选极差，多为块状构造，可含有巨大的砾石（漂石）。泥石流在重力作用下呈块体搬运，作为一种高密度、高黏度的块体流，往往是多期的复合，这类沉积几乎没有渗透性，难以成为储集岩。泥石流沉积一般呈舌条状，主要分布在冲积扇的顶部。泥石流的岩性及结构特征，决定了其电阻率曲线为参差不齐的锯齿状，曲线的峰值常常很高，顶、底界面多为渐变型。泥石流沉积的自然电位曲线则呈低幅锯齿状，顶、底界面亦多为渐变型（图 6-1）。多期泥石流沉积的幅度组合为进积型包络线，反映冲积扇体不断向盆地内进积。在视电阻率曲线上往往表现为高峰值。

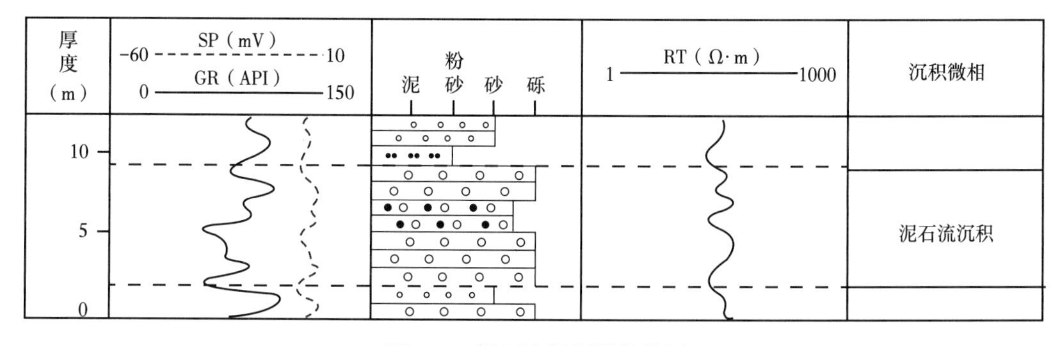

图 6-1 泥石流沉积测井特征

6.1.2.2 扇根主河道沉积

在冲积扇的顶部，常有一个或两个主河道。扇根主河道内常堆积以碎屑颗粒支撑的砾岩或砂质砾石。这种在高能环境下由急速水流堆积而成的主河道砾岩，分选性虽优于泥石流沉积，但仍然较差。由于湍流速度不同，主河道沉积的粒序结构可能是杂乱的块状砾石堆积，具有反粒级层、正粒级层及分层粒级层三类。在电阻率测井曲线上，扇根主河道砾岩表现为带齿边的大幅度曲线，其异常幅度往往是整个冲积扇上最大的。自然电位曲线的异常幅度较大。界面曲线形态多为底部突变型和顶部渐变型，有时也有顶、底渐变型。

6.1.2.3 扇中辫状河道沉积

扇中位于冲积扇的中部，是冲积扇的主要组成部分。扇中的沉积能量比扇根要低，一般形成颗粒较粗的含砾砂岩或粗—中砂岩沉积。在扇中，水流的冲刷作用较强，间歇期的细粒沉积物不易保存下来。砂层常常彼此靠近，多层砂层叠置合并成一个厚度大的砂层。砂层的分选性和渗透性均较好。在电阻率测井曲线上，扇中沉积表现为中等幅度的带齿边的箱形曲线或钟形曲线，幅度较大，界面曲线形态为顶、底突变型或底部突变型、顶部渐变型。在扇中部位，常发育辫状河沉积和侧翼漫堤沉积。

扇根部位的主河道或片流河道经过演变，会在扇中部位形成辫状河道沉积。辫状河沉积的自然电位曲线的形态虽然也呈带齿边的箱形或钟形，但自然伽马和自然电位曲线的起伏幅度比较大，SP 曲线呈大段的负异常，具微齿化的钟形特征（图 6-2）。电阻率较相邻相带的电阻率高，其幅度往往是整个冲积扇上的最大者。一般情况下，测井曲线对砂层的各层情况都有较好的反映。常见的界面曲线形态为顶、底突变型或底部突变型和顶部渐变型。

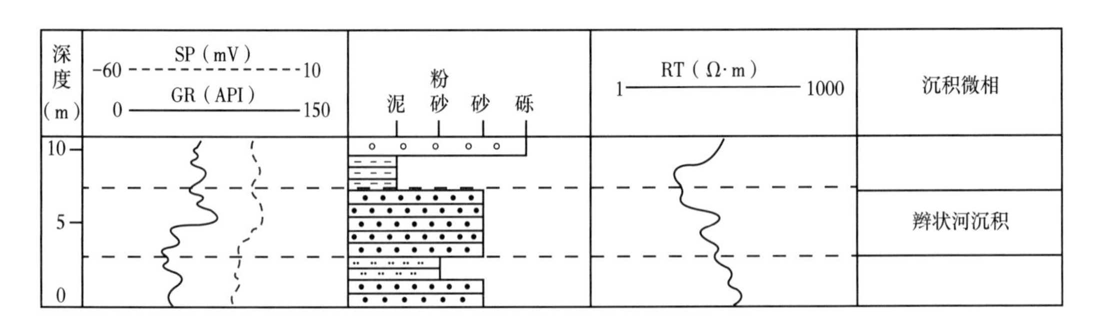

图 6-2 辫状河道沉积测井特征

6.1.2.4 扇中侧翼漫堤沉积

在冲积扇相的顶部或中部，有时发育堤岸砂层。堤岸砂层是漫堤型沉积，主要由薄砂层与薄粉砂岩或薄泥岩的频繁交互组成，且基本上不含砾石。漫堤沉积的砂层，厚度小而层数多，有时颗粒有向上变细的趋势。在漫堤沉积的顶部，常有植物覆盖并形成碳质页岩或薄煤层。在测井曲线上，漫堤沉积表现为鲜明的参差不齐的齿状曲线，齿峰多而幅度不大。有时曲线的幅度有向上减小的趋势（图 6-3）。

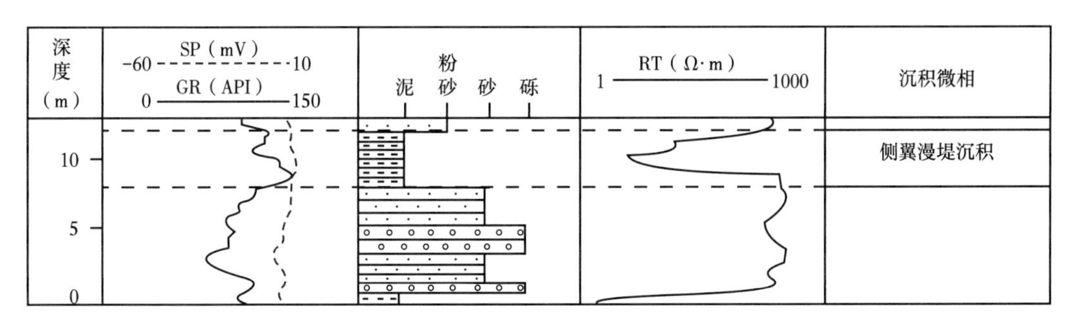

图 6-3 侧翼漫堤沉积测井特征

6.1.2.5 扇端片流沉积

扇端在冲积扇的端部，沉积坡角最小，广泛发育席状砂与泥岩或粉砂岩的间互沉积。就沉积能量而言，扇端是冲积扇相上沉积能量最低的部位。扇端沉积物的显著特征是颗粒细、砂层薄、分选性好且泥多砂少。在测井曲线上，扇端沉积表现为十分明显的幅度小、偶尔出现薄砂层小齿峰的低平曲线。电阻率变低，起伏微弱；自然电位曲线为低幅齿形曲线；自然伽马值比扇中增高，曲线多为低幅指形。在扇端部位，通常发育片流沉积。

片流沉积又叫漫流沉积，通常是洪峰期水道漫溢沉积的产物。其自然电位曲线多表现为低幅度箱形或钟形，反映片流沉积的岩性较辫状河道沉积明显变细，以中—细砂岩为主。片流沉积多为薄层状沉积，齿中线水平或上倾。低幅度箱形代表垂向粒度无明显变化，钟形反映出正粒序沉积特征（图 6-4）。

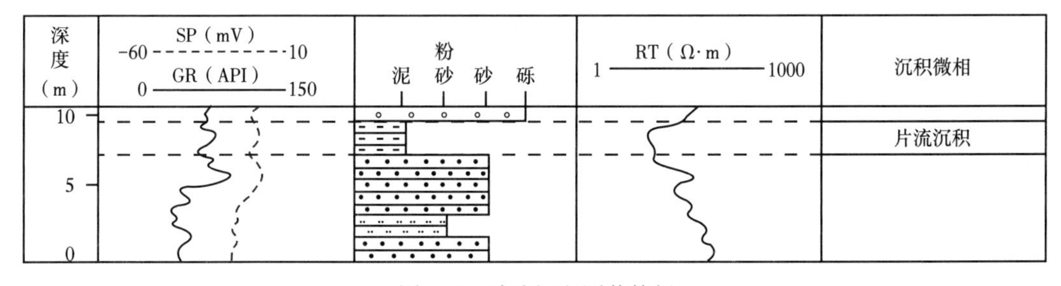

图 6-4 片流沉积测井特征

6.2 河流相

6.2.1 沉积特征

河流是陆地表面上经常或间歇有水流动的天然水道。在各种大陆环境中，河流环境广泛发育于现代和古代地层中。河流是一种重要的地质营力，在适宜的构造条件下，可以发育上千米厚的河流沉积。依据河道在冲积平原上分布形式的不同，可将河流分为顺直河、辫状河、曲流河和网状河等四种类型。

顺直河也叫直流河，其弯度很小，弯曲指数小于1.5。顺直河通常仅出现在大型河流某一河段。顺直河的沉积作用主要发生在边滩上。

辫状河主要发育在山区或河流的中上游、地形坡度较大的地区或冲积扇上。多条河道通过多次分叉和汇聚，构成了辫状河，弯曲指数小于1.5，河道沙坝（心滩）十分发育。

曲流河又称蛇曲河，是典型的单河道河流。河道呈明显的弯曲状，弯曲度大于1.5。曲流河主要分布在河流的中下游、地势较平坦的地区。河道在侧向侵蚀和加积作用的影响下，河床常向凹岸迁移，并在凸岸形成大量点坝（边滩）砂体。

网状河是多条相互连通的河道组成的低能复合体。沉积物搬运的方式以悬浮负载为主。在网状河体系中，高含泥质的粉砂和黏土是网状河流占优势的沉积物。

在四种河流类型中，顺直河和网状河在现代沉积中发育规模较小或不常见。辫状河和曲流河一直以来是河流沉积研究的主要类型。辫状河、曲流河沉积常具有较好的储油物性，可形成各类油气圈闭。

6.2.2 测井响应

河流相可以划分为河床、堤岸、泛滥平原和废弃河道四个亚相。

河床亚相也叫河道亚相，其岩石类型以砂岩为主，次为砾岩。层理发育、类型丰富；缺少动植物化石，仅见破碎的植物残体。河床亚相可进一步划分为河床滞留沉积、边滩或心滩沉积微相。堤岸亚相在垂向上发育在河床沉积上部。与河床沉积相比，堤岸亚相岩石类型简单，粒度较细，以小型交错层理为主。堤岸亚相可进一步分为天然堤和决口扇两个沉积微相。泛滥盆地位于天然堤外侧，地势低洼而平坦，洪水泛滥期间，水流漫溢天然堤，流速降低，使河流悬浮沉积物大量堆积。泛滥平原沉积类型简单，以粉砂岩和黏土岩为主；层理类型单调，以波状层理和水平层理为主。根据沉积环境和沉积特征，进一步划分为河漫滩、河漫湖泊和河漫沼泽三个沉积微相。废弃河道沉积主要为粉砂及黏土岩。粉砂岩中发育交错层理，黏土岩中发育水平层理。常含有淡水软体动物化石和植物残骸。岩体呈透镜状，长度延伸最大可达数十千米，厚可达数十米。

典型的曲流河沉积底部为河道滞留沉积物，多为砾岩或含砾砂岩，与下伏岩层常为侵蚀接触。中—上部为细—粉砂岩，顶部为泥岩。整个垂直层序具有由下至上粒度由粗变细的正粒序特征。一个河流层序的顶部有时会因下一期河流的高能水流的冲刷而出现沉积缺失现象。在测井曲线上，能清晰地表现出河流沉积的多阶结构和顶部缺失。典型的曲流河测井响应如图6-5（a）所示。河道底砾岩曲线的幅度值最大，且底部突变型接触十分明显。随着岩性由粗砂到中砂至细砂的过渡，曲线的幅值逐渐减小。到河流沉积的顶部，粉砂岩或泥岩在测井曲线上的幅度值最小。整个测井曲线的外形呈典型的钟形特征。

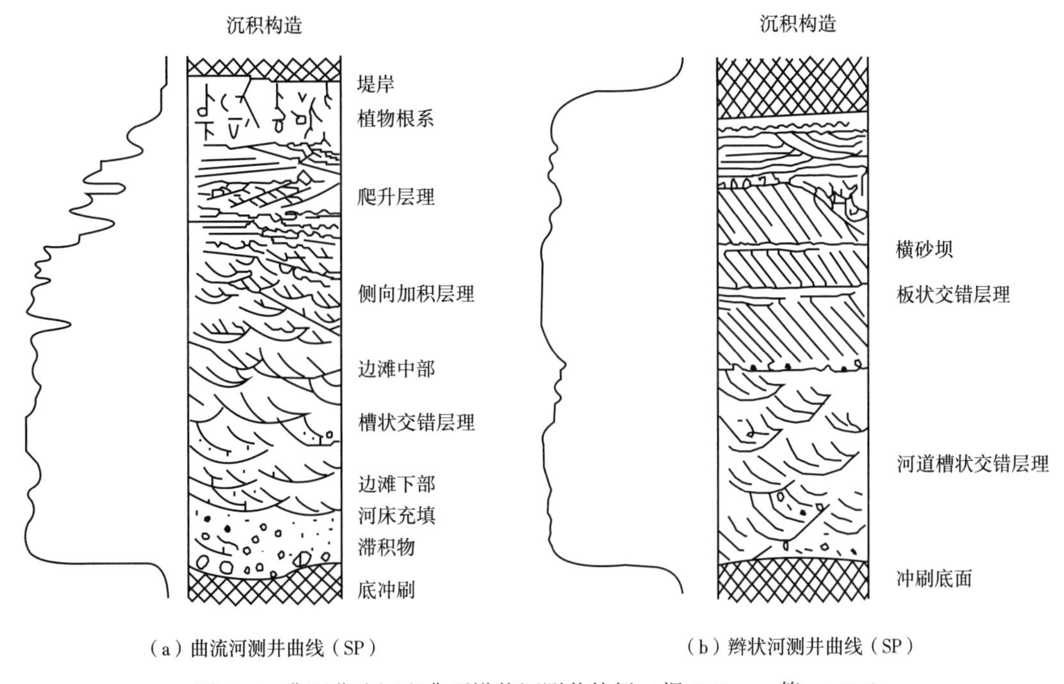

图6-5　典型曲流河和典型辫状河测井特征（据Galloway等，1996）

辫状河沉积具有多河道、宽而浅、侧向迁移迅速等特点。相较于曲流河沉积，重要区别是心滩大量发育，边滩几乎不发育。心滩沉积物一般粒度较粗，成分复杂，成熟度低。对称的螺旋形横向环流亦导致心滩发生侧向加积作用，形成各种类型的交错层理，如大型槽状交错层理、板状交错层理。典型的辫状河沉积底部有冲刷面和河道底砾沉积。向上依次为粗砂岩、中砂岩、细砂岩。最上部为粉砂岩或泥岩。

典型的辫状河沉积测井响应如图6-5（b）所示。整体表现为幅度较大的箱形曲线。顶、底界面一般为突变型，也有底部突变型和顶部渐变型。与曲流河沉积相比，辫状河沉积的特点是，沉积颗粒较粗，沉积厚度较大，而漫滩沉积的厚度则很小。

6.2.2.1　河床滞留沉积

河床滞留沉积成分复杂，既有陆源砾石，也有河床下伏早期沉积为固结而再沉积的同生泥砾，但砂、粉砂质极少。砾石呈叠瓦状排列，倾斜方向指向上游。砾岩难以形成厚层，呈透镜状断续分布于河床最底部，自然电位曲线常为光滑的箱形或钟形曲线，曲线顶、底部常为突变型，但顶部有时可能为渐变型，电阻率曲线的异常可能很小，泥质含量较低，如图 6-6 所示。

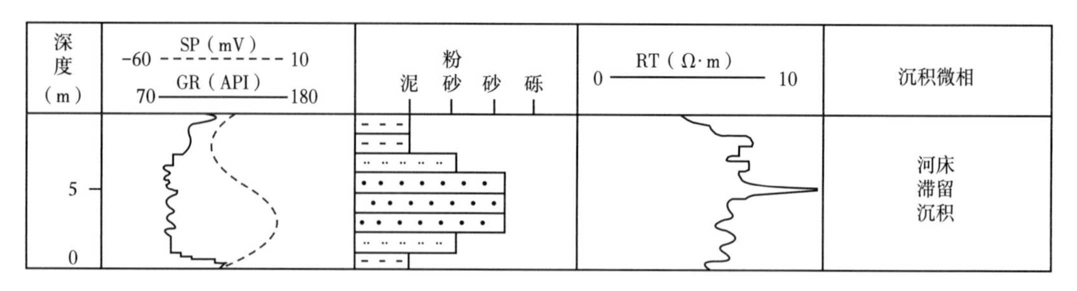

图 6-6　河床滞留沉积测井特征

6.2.2.2　边滩沉积

边滩沉积是发育于曲流河道侧翼的沉积，又称点沙坝。水流对河床凹岸冲刷侵蚀，搬运物质沉积于凸岸，在水下形成浅滩。随河床和侧向迁移浅滩增长，形成河床滨岸浅滩。边滩沉积的特点是以砂岩为主，矿物成分复杂，成熟度较低。在垂向上，自下而上常出现由粗至细的粒度或岩性韵律。在层理发育上，主要表现为板状交错层理。如图 6-7 所示，边滩沉积在自然电位和自然伽马曲线上常为钟形或齿化钟形，有时也会出现钟形或齿化钟形的叠加，电阻率偏高，泥质含量较低。

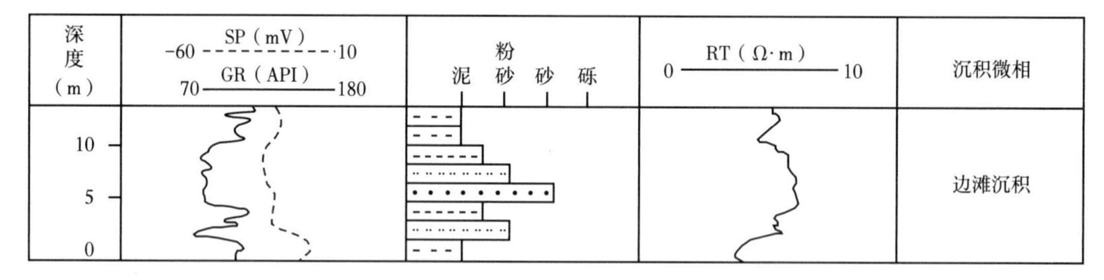

图 6-7　边滩沉积测井特征

6.2.2.3　心滩沉积

心滩是发育于辫状河道中的沉积。与曲流河边滩特征相似，粒度更大。在自然电位曲线上表现为中—高幅度，呈箱形或齿化箱形。视电阻率曲线上呈现高幅度的箱形或齿化箱形。反映心滩沉积的砂砾质含量相对较高，缺少泥质沉积。齿化箱形是心滩叠加或砂体进积的反映，常出现在心滩的边缘，表明叠置砂体间的泥质含量有所增高，如图 6-8 所示。

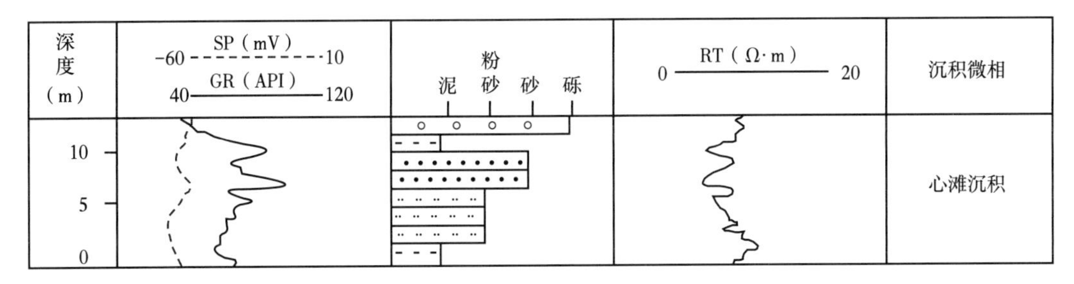

图 6-8　心滩沉积测井特征

6.2.2.4　决口扇

河床随沉积物增厚而升高，洪水期河水冲决天然堤，部分水流由决口流向河漫滩。砂、泥物质在决口堆积成扇形沉积体，形成了决口扇沉积。决口扇位于河床外侧，与天然堤共生，其沉积主要由细砂岩、粉砂岩组成，粒度比天然堤沉积物稍粗，发育为小型交错层理、波状层理及水平层理，冲蚀与充填构造常见，常有河水带来的植物化石碎片。决口扇在自然电位曲线表现为中—低幅的齿化或钟形，齿中线水平或下倾。这些特征反映最大洪水期粗沉积物向泛滥盆地的进积，齿化反映沉积体的叠置，钟形反映出粒度呈正粒序变化，以及对下伏沉积的冲刷，顶、底界面通常为突变型，也存在底部突变型和顶部渐变型，如图 6-9 所示。

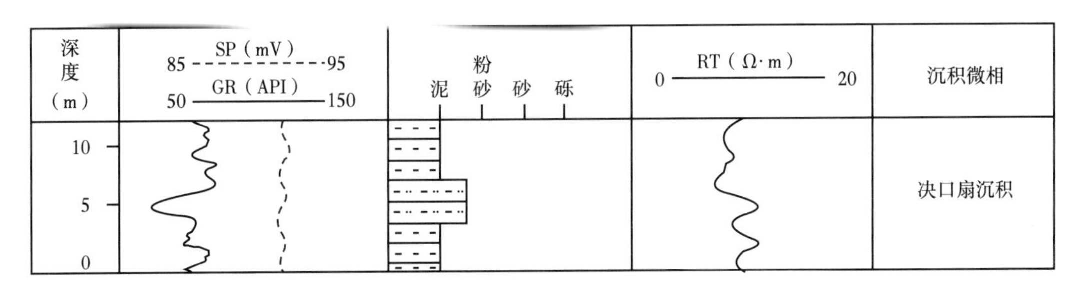

图 6-9　决口扇沉积测井特征

6.2.2.5　河漫滩

河漫滩是河床外侧河谷较平坦的部分。平水期无水，洪水期河水溢出河床，淹没部分河谷，形成河漫滩沉积。河漫滩沉积岩性以粉砂岩为主，也有黏土岩沉积。在岩石粒度上，距河床越远粒度越细，垂向上有粒度向上变细的趋势。波状层理和斜波状层理为主。河漫滩间歇出露水面而在泥浆中保留干裂和雨痕。化石稀少，一般仅见植物碎片。岩体形态常沿河流方向呈板状延伸。自然电位和自然伽马曲线常为中—低幅度齿化箱形，电阻率异常较小，如图 6-10 所示。

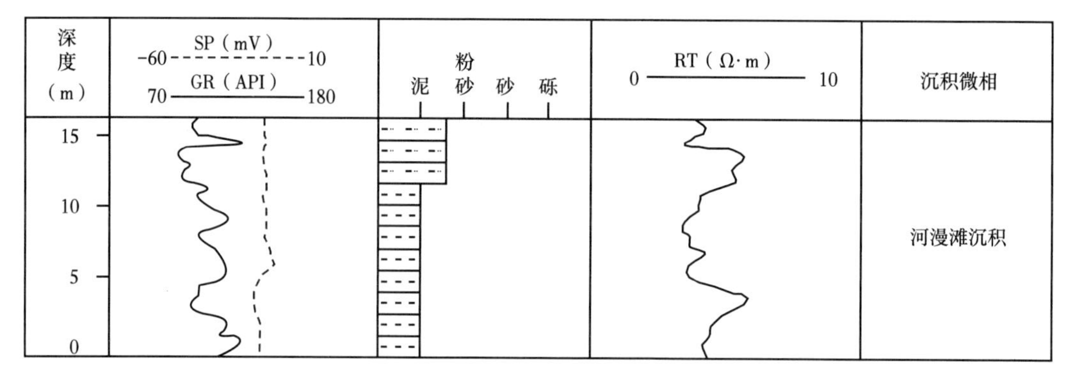

图 6-10　河漫滩沉积测井特征

6.2.2.6　泛滥平原

泛滥平原多是在洪水末期发育，洪泛期高能水流携带大量细粒沉积物质漫出水道，洪峰过后水体能量减弱而形成的沉积。分布于河道及河道边缘外的广阔冲积平面，厚度较大，以块状灰色泥岩为主，内部可见典型的水平层理，偶有植物根茎及虫孔发育。自然电位曲线常呈平直状或细锯齿形状。泥岩和泥质粉砂岩中发育水平层理，如图 6-11 所示。

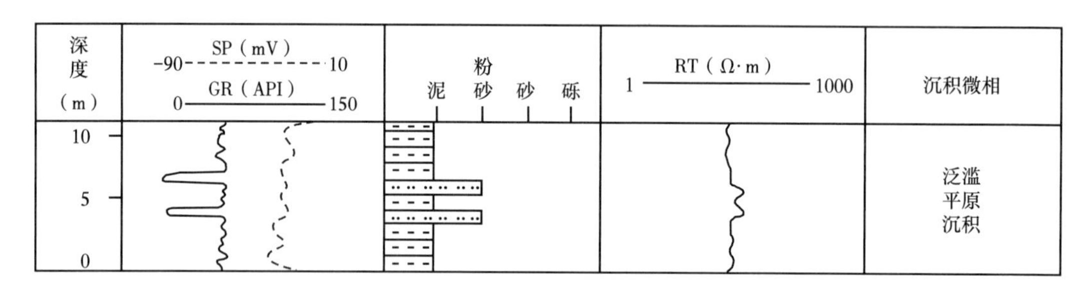

图 6-11　泛滥平原沉积测井特征

6.3　湖泊相

6.3.1　沉积特征

湖泊是大陆上地形相对低洼和流水汇集的地区，是石油、煤、油页岩、钾、铁等沉积矿产富集的重要场所。湖泊的类型很多，按沉积物沉积特征的不同，可分为碎屑沉积湖、化学沉积湖；按湖水含盐度的不同，可分为淡水湖、半咸水湖及咸水湖；按成因可将湖泊划分为构造湖、河成湖、火山湖、岩溶湖、冰川湖等。本书仅以淡水碎屑湖泊为例加以介绍。

依据湖水深度和沉积作用的不同，将淡水碎屑岩湖泊相进一步分为滨湖、浅湖及深湖三个亚相。深湖亚相属于还原环境或弱氧化环境，有利于有机质的保存和向烃类转化，具备良好的油气生成和储集条件。目前我国发现的绝大多数中生代、新生代油田都属于淡水碎屑岩湖泊相沉积。湖泊水动力特征与海洋的水动力特征相似，主要表现为波浪和沿岸流。在风力作用下，湖泊水面可以产生较强的波浪，即湖浪。湖浪作用对于波浪基准面（波基面）以上的滨湖区和浅湖区的沉积物有较大的影响，对波基面以下的深湖区的沉积物则几乎没有影响。

6.3.2 测井响应

滨湖亚相位于湖盆边缘，离岸最近，受回流、冲刷、淘洗作用强烈。沉积物受水动力强度、地形坡度影响而复杂多变，通常砂泥混杂。滨湖亚相中常见的沉积微相有砂质滩坝、滨湖泥、砂泥混合滩三个微相。滨湖亚相经湖浪的反复作用，多以砂泥混合滩砂较为发育，靠岸一侧砂砾含量高，远岸一侧泥质含量高。浅湖亚相位于滨湖沉积范围内侧，受到波浪作用和湖流作用的影响，不受拍岸浪的影响。浅湖沉积主要由粉砂岩、泥岩组成，有时夹有少量呈透镜状的细砂岩。浅湖亚相主要有风暴滩坝、浅湖泥和浊流沉积等微相。浅湖亚相存在风暴与湖流的相互作用，水体搅动，能量较高，风暴滩坝和浊流沉积较发育。深湖亚相是风暴浪基面以下的深水地带。不受风浪的影响，是典型的还原环境。深湖沉积以深色泥岩等细粒沉积为主，有时夹有少量细砂岩、粉砂岩和石灰岩。发育少量湖底扇和浊流沉积。

滨湖亚相和浅湖亚相在测井曲线形态特征和测井数据特征上都缺乏明显的对比标志，难以依据测井资料将两者分开，一般统称为滨浅湖亚相。在发育三角洲的湖泊中，三角洲前缘的席状砂深入到滨浅湖地带，常呈指状与前三角洲泥及滨浅湖泥接触。一般将三角洲前缘及以上部分一起划在滨浅湖亚相内。整个滨浅湖亚相的电阻率曲线呈不规则尖峰状。地层倾角反映其层理构造为波状层理、小中型交错层理。滨湖亚相的电阻率测井曲线一般幅值较高，曲线较光滑，若为泥质湖滩则自然电位曲线多呈中幅锯齿状，而浅湖亚相的电阻率曲线多呈中幅锯齿状。

6.3.2.1 滨浅湖滩坝沉积

在滨浅湖亚组中，滩坝砂体是滨浅湖地带常见的砂体类型，是滩砂和坝砂的总称。滩坝沉积一般形成于陆源碎屑供给相对不充足沉积时期，是在湖浪或沿岸流的作用下，将邻近地区三角洲、扇三角洲或其他近岸浅水砂体再搬运、沉积而成。多分布于缓坡侧的滨浅湖地区、湖中局部隆起等。迎风侧波浪较强的湖泊边缘发育较好。

滩砂体是与岸线平行的、较宽的、条带状或席状砂体。垂向上砂岩与泥岩频繁互层，砂层多但厚度薄，粒序多为向上变粗的反韵律或韵律不明显。坝砂体是与湖岸平行的长条形或呈不规则椭圆形砂体。垂向上单层厚度大，大部分坝体大于2m，砂体横剖面呈底平顶凸或双凸形的透镜体。粒序也多为向上变粗的反韵律。

（1）滩砂沉积测井曲线特征。

大部分湖相滩砂成分以灰色—灰绿色粉砂岩、粉细砂岩、泥质砂岩、砂质泥岩为主，并含有少量细砂岩。总体上单砂层具有厚度薄、层多、泥岩夹层发育的特点。砂层厚度一般小于2m，垂向上粒序多为反粒序，有时粒序不明显。滩砂体测井曲线特征多对应异常幅度较高的“尖刀状”指形密集组合，基本上组成向上异常幅度加大的反旋回，如图6-12所示。

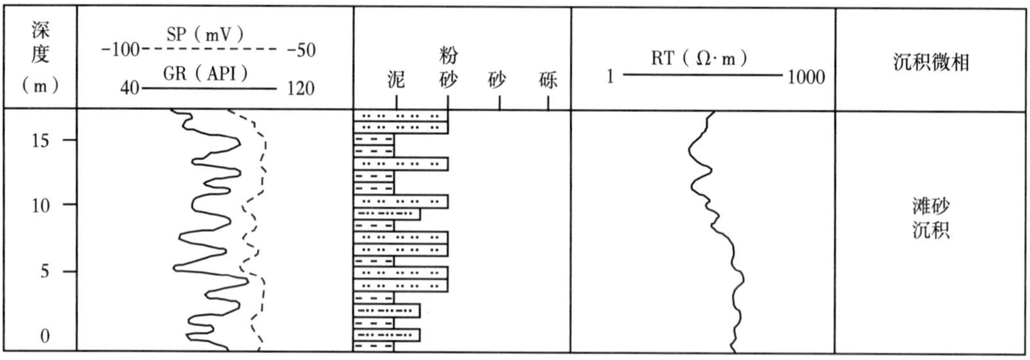

图6-12　滩砂沉积测井特征

（2）坝砂沉积测井曲线特征。

坝砂多分布在滩砂中。湖泊坝砂沉积主要由灰色—灰绿色中—细砂岩、粉砂岩、粉细砂岩组成，并含有少量含砾砂岩、泥质粉砂岩。垂向上具有砂层层数少，单砂层厚度较大的特点，粒序上多表现为为反粒序或先反后正粒序。测井曲线呈齿化漏斗形、宽幅较厚指形或齿化箱形，如图6-13所示。

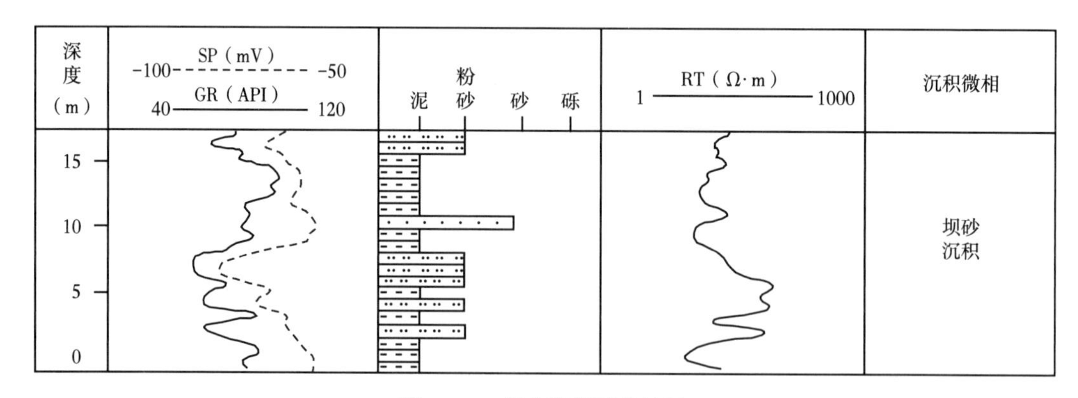

图6-13　坝砂沉积测井特征

6.3.2.2 深湖细粒沉积

深湖沉积位于湖泊风暴浪基面以下的较深地区，处于缺氧的弱还原—还原环境。波浪作用影响较小，水动力很弱，以暗色泥岩为主，偶见夹薄层粉砂岩和黄铁矿。自然伽马和电阻率曲线的起伏变化很微弱，自然电位曲线几乎平直。倾角矢量变化不大，倾角接近于0，倾角测井曲线和倾角矢量图反映出层理构造以水平层理为主，如图6-14所示。

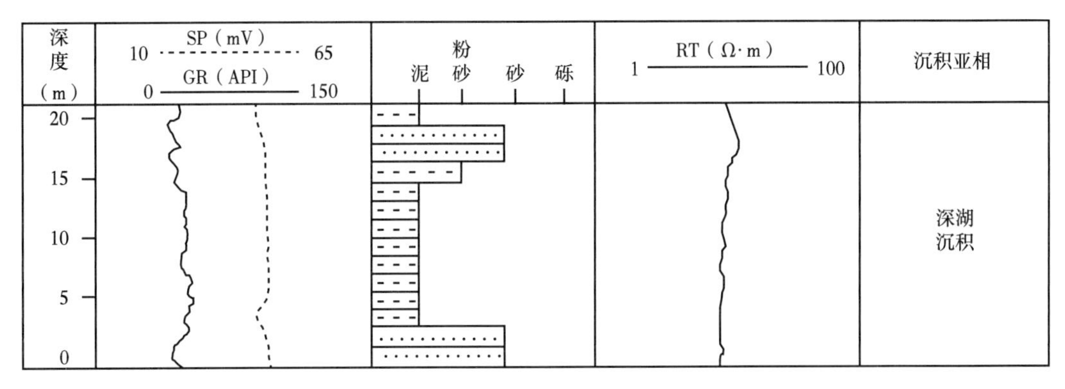

图6-14 深湖细粒沉积测井特征

6.4 三角洲相

6.4.1 沉积特征

三角洲是在河流与稳定水体（海洋、湖泊）的相互作用下，形成于稳定水体（海洋、湖泊）中的部分露出水面的沉积体。河流、波浪、潮汐对三角洲的形成起直接控制作用，Galloway依据三者的相对关系，提出了三角洲的三端元分类。将三角洲分为以河流作用为主的河控三角洲、以波浪作用为主的浪控三角洲和以潮汐作用为主的潮控三角洲（Galloway，1976）。本书仅以河控三角洲为例加以介绍。

河控三角洲又称建设性三角洲，河流输入大量泥沙，波浪和潮汐作用微弱，使得河流的对三角洲的建设作用远超波浪和潮汐的破坏作用。河控三角洲可形成厚度大、面积广的大型三角洲，在地质历史中能够保存和识别。通常将三角洲相自陆到海分成三个亚环境，依次为三角洲平原亚相、三角洲前缘亚相及前三角洲亚相。三角洲并不是单一沉积环境的产物，是在成因上互相联系的几种环境共同作用所产生的一套沉积体系。

在三角洲沉积区内，前三角洲亚相的暗色泥岩可以作为良好的生油层，河口沙坝、前缘席状砂等可以作为良好的储油砂岩体，沼泽沉积、分流间湾、前三角洲泥等可以做为良好的盖层。三角洲相中常发育有同生断层和因此产生的牵引构造、底辟构造等，使得三角洲沉积地区具备有利的生油、储集、盖层及构造条件。三角洲相在形成过程中局部水进水退频繁，生、储、盖在垂向上交叉叠置，进而形成油气资源丰富的油气聚集带。这就是世界上许多油气田，尤其是大型或特大型油气田，分布在古代三角洲沉积区的原因。

6.4.2 测井响应

三角洲平原亚相是三角洲沉积的陆上部分，始于河流大量分叉处，止于岸线或海（湖）平面处。三角洲平原沉积的微相多种多样。以分流河道为格架，分流河道的两侧有天然堤、决口扇，分流河道地区常发育有沼泽、湖泊和分支间湾等。主要是以分流河道砂和河道间漫溢沉积为特征。岩性以砂和粉岩为主，中—细砂岩较多，含少量砾石。砂岩矿物成分以石英为主，长石次之，具有泥质胶结。三角洲平原亚相的自然伽马曲线为箱形或钟形，如图 6-15（a）所示。

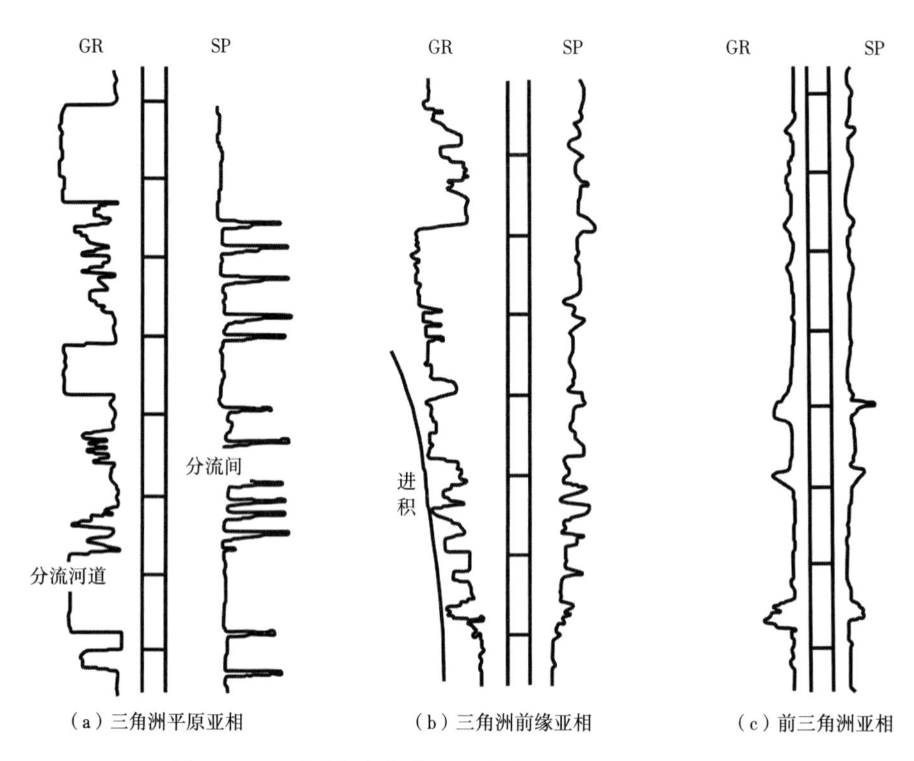

图 6-15　三角洲相各部位的测井特征（据黄智辉，1986）

三角洲前缘亚相是三角洲相的水下部分，位于海（湖）平面与浪基面之间，呈环带状分布于三角洲向海洋一侧。三角洲前缘亚相是三角洲相最活跃的沉积中心。从河流带来的砂、泥沉积物，一旦离开河口注入海洋，就迅速堆积在此。受到河流、波浪和潮汐的反复作用，砂泥经冲刷、沉积分异再分布，可以形成分选较好的砂质沉积带。三角洲前缘亚相包含水下分流河道、水下天然堤、分流间湾、分流河口沙坝、远沙坝和前缘席状砂等沉积微相。三角洲前缘亚相的自然伽马曲线主要为漏斗形，如图 6-15（b）所示。

前三角洲亚相位于三角洲前缘亚相的前方，其沉积物在海平面以下，岩性主要由暗色黏土、粉砂质黏土组成，含少量由河流带来的细砂和由于三角洲前缘亚相滑塌而来的浊积岩。在测井曲线上，前三角洲亚相泥沉积表现为曲线低幅，变化近于平直，间或出现细砂岩的小齿峰，自然伽马主要为箱型或不规则箱形，如图 6-15（c）所示。

6.4.2.1 三角洲平原亚相分流河道微相

三角洲平原亚相分流河道沉积的特征与一般河道沉积基本相同，但颗粒较之中上游河流沉积更细，分选性也更好。分流河道沉积以砂质沉积为主，岩性以长石石英岩屑粗—中砂岩和长石岩屑、石英、中—细砂岩为主，粒度比邻近的微相粗，分选性较差，垂向上具有下粗上细的典型正韵律特征，泥砾岩与中粗砂岩互层，砾石顺层排列为主，内部可见冲刷面和大量碳屑。底部常是中—细砂岩，含泥砾，向上为粉砂岩或泥质粉砂岩。砂层内部的结构比较均匀。分流河道微相在自然电位曲线上呈中幅的厚层箱状或钟形及箱形的复合体，齿中线内收敛，类似曲流河相的边滩沉积。视电阻率曲线基本上与自然电位曲线一致。分流河道沉积在自然伽马曲线形态表现为箱形、钟形与微齿形，曲线底部突变型，顶部渐变型，代表了沉积前期物源丰富和水动力条件稳定，后期由于河道消退导致能量衰退。自然伽马、自然电位、电阻率曲线幅度为高幅，向河道两侧的边部地带，砂体厚度减薄，曲线形态稍有变化。倾角矢量点少。分流河道沉积主要的测井特征如图 6-16 所示。

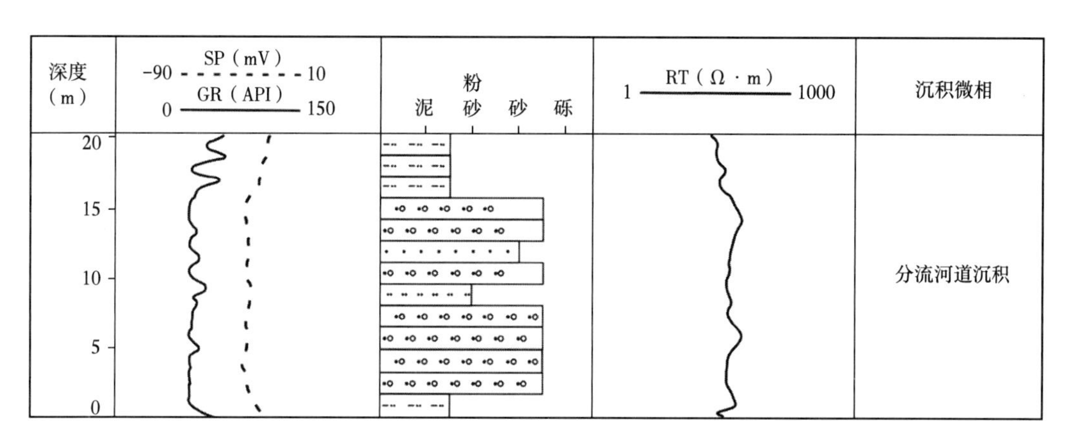

图 6-16 分流河道沉积测井特征

6.4.2.2 三角洲前缘亚相水下分流河道微相

三角洲前缘亚相辫状河道入湖或海，形成许多不稳定水下河道。河道底部一般是凹凸不平的冲刷面；顶部界面是相转换面，经常上覆细粒沉积物。水下分流河道微相为三角洲平原亚相分流河道微相的水下延伸部分，从岩性特征上看沉积物主要为砂岩、含砾粉砂岩，具正韵律特征，在电阻率曲线上表现为高幅度值。河床中有高角度倾斜层理、槽状交错层理，局部有砾石定向排列，向上粒度变细。

水下分流河道微相的自然电位曲线特征为低—中幅微齿化或齿化钟形，有时呈箱形或两者的复合。齿中线下部水平而上部下倾，反映一种由加积型到进积型的粒序结构，且以进积型砂体为主。低—中幅度反映出沉积粒度较细，钟形代表了一种正粒序。箱形则为水下河道能量均匀的沉积特征，多期水下河道叠置则为水下河道能量均匀的沉积特征，多期水下河道叠置则会使曲线呈钟形或箱形的相互叠加，如图 6-17 所示。

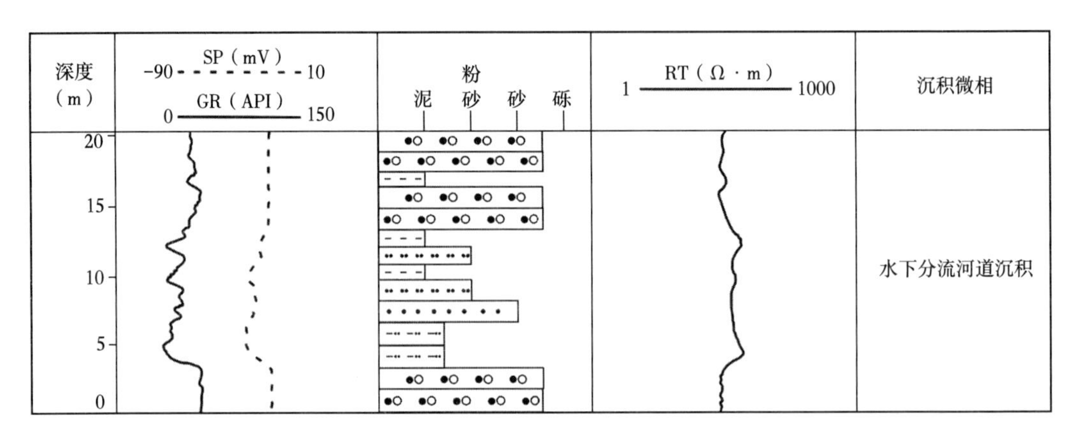

图 6-17　水下分流河道沉积测井特征

6.4.2.3　三角洲前缘亚相河口坝微相

河口坝沉积是由于河流带来的泥沙物质在河口处因流速降低堆积而成。其岩性由砂和粉砂组成。受到河流和海水双重营力的作用，河口坝微相的沉积物能得到充分的分异。大部分河口坝微相是分选好、较纯净的砂和粉砂。河口坝微相的砂层具自下而上沉积物的颗粒逐渐变粗的反粒序，测井曲线表现为明显的漏斗形，界面曲线形态常为底部渐变型和顶部突变型。其特征为自然伽马曲线为低值，高电阻，自然电位为中—高幅；自然伽马和自然电位曲线形态显示为下细上粗的反韵律层序，电阻率曲线形态为箱形，如图 6-18 所示。

6.4.2.4　三角洲前缘亚相远沙坝微相

远沙坝微相是由河流所携带的细粒沉积物在三角洲前缘亚相向海或向湖一侧形成的坝状沉积体。远沙坝微相沉积主要由细砂岩、粉砂岩组成，砂岩中常见包卷层理、砂枕层理、沙纹层理和逆粒序层理，粒度分布概率累积曲线呈二段式，由跳跃总体和悬浮总体组成，总体特征与河口坝微相相似。

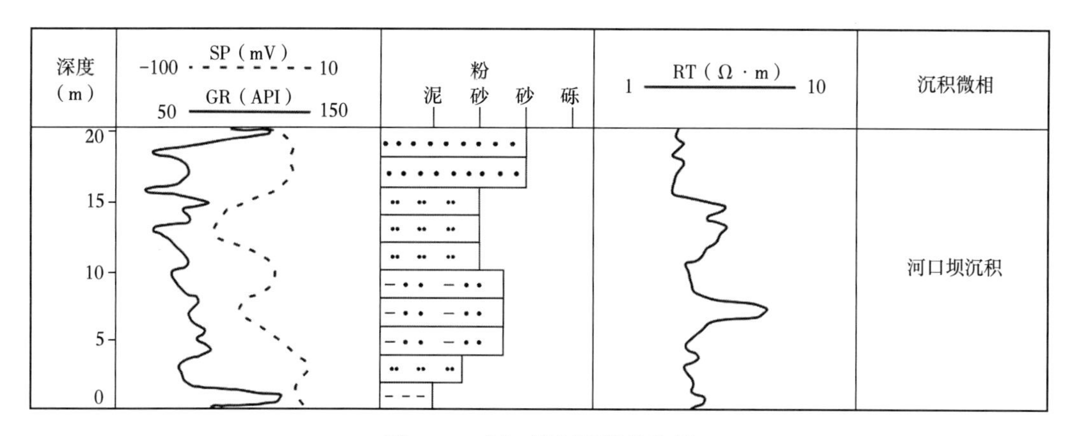

图 6-18　河口坝沉积测井特征

自然电位曲线特征为低—中幅的指形或多个低幅漏斗形曲线叠加，幅度自下而上逐次加大，形成进积式幅度组合，代表了多期叠加反粒序的沉积特征，齿中线外敛，与砂体的进积相吻合。曲线形态与河口坝微相相类似，整体幅度值比河口坝微相略低，如图 6-19 所示。

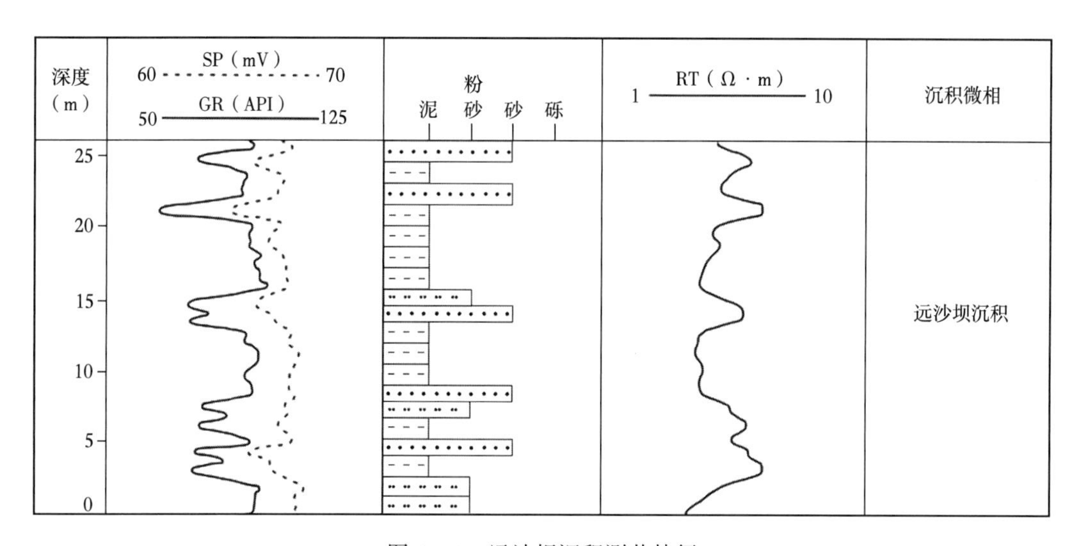

图 6-19　远沙坝沉积测井特征

6.4.2.5　三角洲前缘亚相席状砂微相

席状砂微相是由河口坝微相和远沙坝微相经波浪改造，沿岸侧向堆积形成，其特点是砂体分布面积广泛、厚度较薄、砂质较纯。席状砂微相多为细粉砂岩组成，中间含油大量泥质夹层。自然电位曲线形态以指形或低—中幅漏斗形为主，反映水道末梢进积型席状砂沉积特征。指形反映水动力较强的波浪改造，整体反映出沉积物的无粒序或反粒序的特点，如图 6-20 所示。

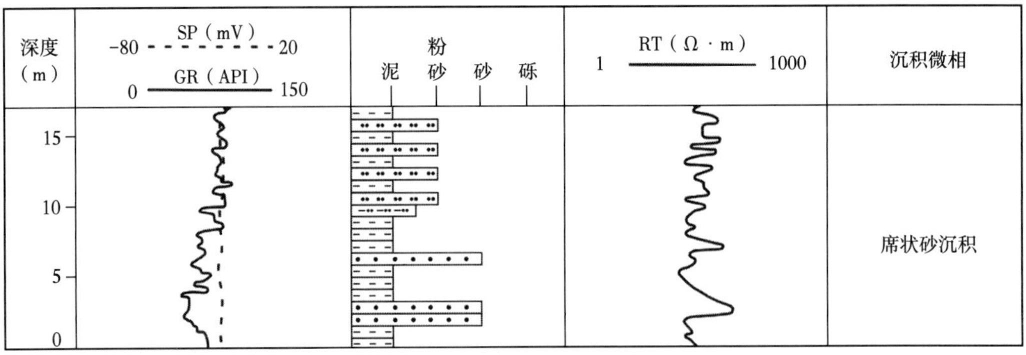

图 6-20　席状砂沉积测井特征

6.5　碳酸盐岩礁相

6.5.1　沉积特征

碳酸盐岩礁相是在生物作用下，通过对沉积物的捕捉和黏附而不断生长的沉积物。礁体的岩性类型可分为骨架岩、障积岩和粘结岩三种。骨架岩即生物骨架灰岩，由原地块状化石构成的加固骨架，胶结物、石灰岩基质及孔隙占据了骨架间的空间，是一个略倾斜的坚硬实体。障积岩为障积灰岩或生物捕集灰岩，沉积物中有丰富的茎状化石遗体，成为灰泥基质堆积的抗浪障壁，使灰泥沉积且保留下来。粘结岩即生物粘结灰岩，没有硬体生物骨架，是通过生物的粘结作用而形成。

碳酸盐岩礁相一般由礁核亚相、礁翼亚相、礁间亚相、礁基亚相和礁盖亚相组成。礁核亚相主要由原地堆积的生物岩或粘结岩组成，能够抵抗波浪的冲击。礁核亚相中还充填了不少灰泥物质。礁翼亚相的沉积物主要是礁核亚相的塌积物。在礁的两侧，与礁核亚相呈指状胶结并局部覆盖于礁核之上。礁间亚相是礁体之间与礁同期的沉积物，礁体的生长速度快于同期沉积物增长的速度，与礁体之间为指状接触。礁基亚相大部分都是海底地形凸起部分。礁盖亚相多为泥页岩、石膏、泥灰岩等致密岩性。

6.5.2　测井响应

以川东北元坝地区长兴组为例，该地区晚二叠世的礁相的主要沉积亚相为礁盖亚相、礁基亚相、礁核亚相（图 6-21）。

礁盖亚相岩性以石灰岩类为主，含有白云岩类。自然伽马曲线呈箱形，微球形聚焦电阻率曲线呈箱形夹复合指性，深浅电阻率曲线呈箱形。自然伽马值一般为 8~12API，微球形聚焦电阻率一般为 20~10000Ω·m，深浅电阻率一般为 80~70000Ω·m。电成像测井图上表现为低阻交错状暗斑相。

礁核亚相岩性以石灰岩为主，掺杂多类岩性。自然伽马曲线呈箱形，中子孔隙度曲线呈箱形，深浅电阻率呈齿化箱形。自然伽马值一般为 7~20API，中子孔隙度为 0~8%，微球形聚焦电阻率一般为 10~420Ω·m，深浅电阻率一般为 360~90000Ω·m。电成像测井图上一般表现为低阻变形层暗斑相。

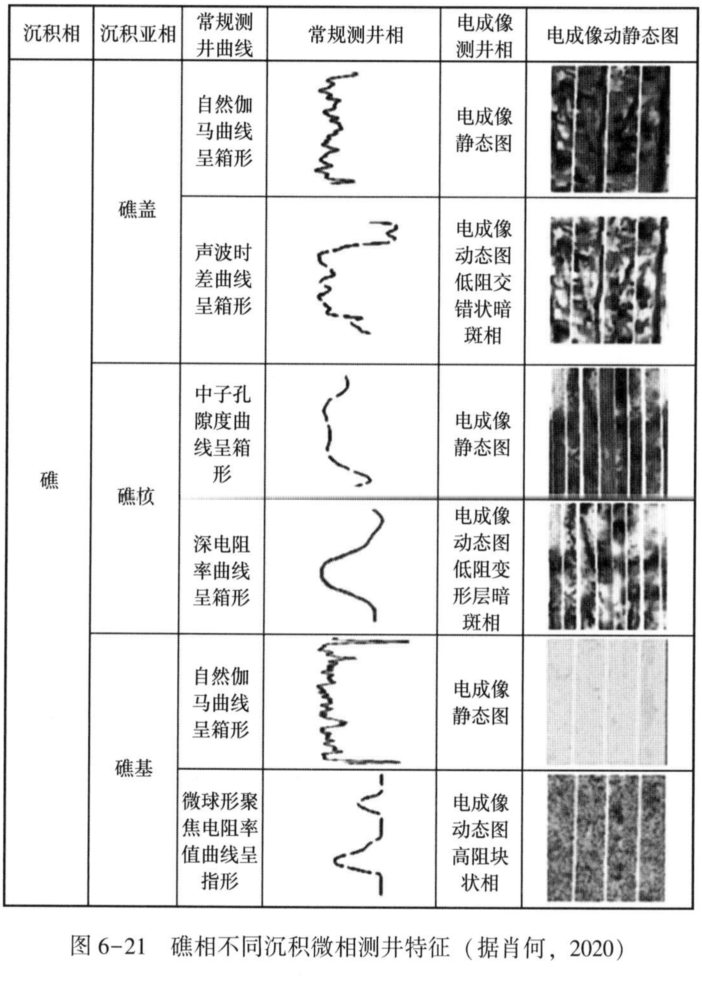

沉积相	沉积亚相	常规测井曲线	常规测井相	电成像测井相	电成像动静态图
礁	礁盖	自然伽马曲线呈箱形		电成像静态图	
		声波时差曲线呈箱形		电成像动态图低阻交错状暗斑相	
	礁核	中子孔隙度曲线呈箱形		电成像静态图	
		深电阻率曲线呈箱形		电成像动态图低阻变形层暗斑相	
	礁基	自然伽马曲线呈箱形		电成像静态图	
		微球形聚焦电阻率值曲线呈指形		电成像动态图高阻块状相	

图 6-21　礁相不同沉积微相测井特征（据肖何，2020）

礁基亚相沉积微相岩性以石灰岩类为主，掺杂少量白云岩类和含云质灰岩类。自然伽马曲线呈箱形，声波时差曲线呈箱形夹钟形，微球形聚焦测井曲线呈指形。自然伽马值为 7~16API，声波时差为 45~55μs/ft，微球形聚焦电阻率为 1100~99000Ω·m，深浅电阻率一般为 70600~90300Ω·m。电成像测井图上一般表现高阻块状相。

6.6 碳酸盐岩滩相

6.6.1 沉积特征

碳酸盐岩滩相一般有台内滩亚相和台缘滩亚相两种类型。台内滩亚相指散布于台地内部的浅滩。台内滩亚相的形成常与台地内部局部水下隆起有关。台地内部单滩体厚度一般为几十厘米到几米。滩体顶部可能存在暴露和早期岩溶改造特征。台内滩亚相岩石类型主要包括亮晶鲕粒灰岩、残余鲕粒云岩、亮晶砂屑灰岩、残余砂屑云岩、亮晶砂屑云岩、亮晶生屑灰岩、残余生屑灰岩等。

台缘滩亚相指位于台地边缘的浅滩。台地边缘水体浅、能量高，是形成浅滩的有利场所。台缘滩亚相面临广海，波浪能量强，总体上呈带状平行台地边缘展布。单体厚度一般为几米到几十米，总体向上变浅。台缘滩亚相岩石类型主要包括亮晶颗粒石灰岩，颗粒类型主要为鲕粒和生屑。

6.6.2 测井响应

6.6.2.1 台内滩

台内滩的自然伽马曲线为低自然伽马值的齿状或齿状箱形。声波时差曲线显示为中—高幅值，呈齿形或波形。台内滩根据不同类型，测井响应特征也不同。

（1）高能台内滩。

岩性以白云岩类为主，掺杂石灰岩类。自然伽马曲线呈箱形，电阻率曲线呈箱形或箱形夹钟形。自然伽马值一般为10~20API，微球形聚焦电阻率一般为3~10Ω·m，深浅侧向电阻率一般为200~10000Ω·m，声波时差一般45~55μs/ft，电成像曲线一般表现为低阻交错层状。

（2）低能台内滩。

岩性以石灰岩类为主，掺杂白云岩类。自然伽马曲线呈箱形，电阻率曲线呈箱形夹指形。自然伽马值一般为10~25API，微球形聚焦电阻率一般为1~7Ω·m，深浅侧向电阻率一般为3000~80000Ω·m，电成像测井图一般表现为高阻块状。

（3）生屑滩。

岩性以生屑碳酸盐岩，测井响应表现为低自然伽马，低岩性密度，成像测井图为杂乱暗斑状。

（4）砂屑滩。

自然伽马平均值低，一般为 10～40API，呈箱形或齿化箱形。电阻率平均值偏高，一般在 1000～2000Ω·m，呈齿化漏斗形或对称齿形。声波时差曲线呈齿化钟形或齿化漏斗形，补偿中子孔隙度曲线呈齿化箱形。

6.6.2.2 台缘滩

台缘滩自然伽马值为中—低值，曲线呈齿化漏斗形特征，电阻率为中—高值。不同类型的台缘滩的测井特征也有所区别。

（1）高能台缘滩。

岩性主要为石灰岩类和白云岩类，掺杂灰质白云岩类和含云质灰。自然伽马曲线呈箱形夹指形。微球形聚焦电阻率曲线为指形，深浅电阻率曲线呈钟形，声波时差曲线呈钟形。自然伽马值一般为 10～20API，深浅侧向电阻率一般为 50～2000Ω·m，声波时差一般为 45～60μs/ft。电成像测井图上一般表现为低阻变形层状暗斑状。

（2）低能台缘滩

岩性以石灰岩类为主，掺杂少量白云岩、云质灰岩类。自然伽马曲线呈齿化箱形。电阻率曲线呈钟形。自然伽马值一般为 8～11API，深浅侧向电阻率一般为 8000～75000Ω·m。电成像测井图上一般表现为高阻块状。

6.7 碳酸盐岩潮坪相

6.7.1 沉积特征

碳酸盐岩潮坪相指受潮汐作用影响的碳酸盐岩沉积，发育在不受海浪冲积的海湾、潟湖或海浪能量弱的浅水碳酸盐岩陆棚上，主要有潮上带、潮间带和潮下带等微相。

潮上带长期出露水面，海水蒸发量大、盐度高。受气候影响比较大，出现大量暴露沉积构造。由暗色富藻层与浅色富屑层交互组成的叠层石比较发育。一些特有的沉积构造，如硬石膏、膏溶角砾岩或干裂比较常见。

潮间带受潮汐流往复作用更加明显，水动力变动频繁。常见透镜状、波状和脉状层理。潮间带主要沉积的岩石为球粒泥晶灰岩或生物屑泥晶灰岩和细砂屑灰岩，含准同生阶段形成的微晶白云岩、细晶白云岩。潮间带出露水面时还可形成干裂、浅水波痕等构造，常见鸟眼构造、窗格构造。

潮下带位于平均低潮面以下至潮道所不能作用的地带，不受海浪冲积。潮下带沉积由似球粒灰泥和粉砂级碳酸盐组成，包括数量不等的骨屑颗粒，缺乏原生沉积构造，生物钻孔发育。

6.7.2 测井响应

碳酸盐岩潮坪相测井曲线特征有：自然伽马曲线呈箱形，声波时差呈齿化箱形，深浅电阻率呈箱形（图6-22）。根据潮上带、潮间带和潮下带的不同沉积环境，测井响应又有一定的差别。

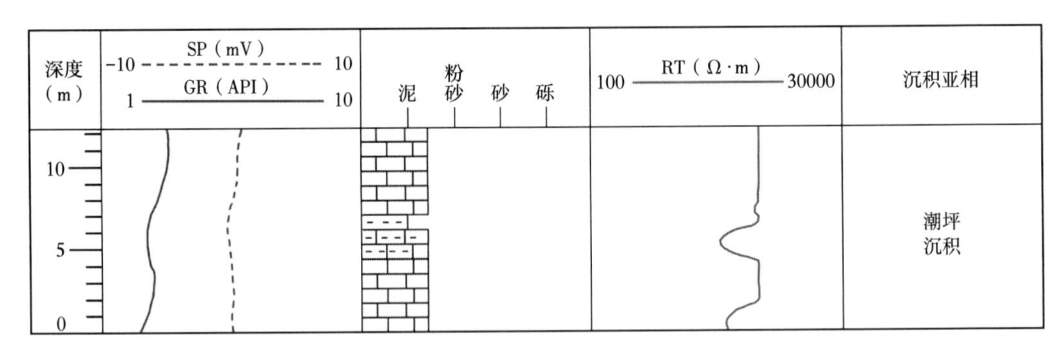

图6-22　碳酸盐岩潮坪沉积测井特征

潮上带常发育有泥坪、膏云坪、泥云坪和泥灰坪等微相。泥坪微相含少量云质或灰质，自然伽马值一般较高，电阻率较低，在成像测井图上整体为暗色背景，黑色条带模式。膏云坪微相蒸发程度较强，常规测井表现出低—中自然伽马值、中—高电阻率的特点，成像测井以亮斑或条带状为主要特征。泥云坪微相整体水体较浅，自然伽马值随着泥质含量增加而升高，相应的密度和电阻率逐渐降低，在成像测图上表现为暗色条带状的测井响应。泥灰坪微相与泥云坪微相具有相似的常规测井曲线响应特征，但在成像测井中主要表现为亮色特征。

潮间带常发育云坪微相和灰坪微相。云坪微相岩性一般以粉晶白云岩、中—细晶白云岩为主，常规测井表现为低自然伽马值、中—高密度及中—高电阻率的响应，成像测井图上常表现为亮色块状。灰坪微相发育于海侵期，一般位于灰云坪微相之下，水体相对较深，在常规测井中常表现出中—低自然伽马值、中—高电阻率的特点。

潮下带常发育云灰坪、灰坪、灰云坪和藻砂屑滩等微相，在测井曲线上表现为低中子测井值、高电阻率及低密度的特征。

参考文献

边仁河，李慧，冯利军，等，1990. 影响 STAR 微电阻率成像测井效果的因素分析［J］. 石油仪器，24（4）：34-36.

陈立官，1990. 油气测井地质［M］. 成都：成都科技大学出版社.

范小军，潘磊，李凤，等，2015. 西藏伦坡拉盆地古近系油藏成藏机理及有利区带预测［J］. 石油与天然气地质，36（3）：362-369.

高守双，1983. 核磁共振测井［J］. 江汉石油学院学报，（1）：47-54.

高新奎，2011. 丰富川油田延长组长 2 油层沉积微相测井识别技术研究［D］. 西安：西安石油大学.

龚一鸣，张克信，2007. 地层学基础与前沿［M］. 武汉：中国地质大学出版社.

郭峰，2011. 碳酸盐岩沉积学［M］. 北京：石油工业出版社.

胡法龙，周灿灿，李潮流，等，2012. 基于弛豫—扩散的二维核磁共振流体识别方法. 石油勘探与开发，39（5）：552-558.

胡俊，1999. 模式识别在测井资料划分沉积相中的应用研究［J］. 天然气工业，（4）：34-37.

华东石油学院勘探系基础地质，1977. 沉积岩［M］. 北京：石油化学工业出版社.

黄春菊，2014. 旋回地层学和天文年代学及其在中生代的研究现状［J］. 地学前缘，（2）：48-66.

黄智辉，1986. 地球物理测井资料在分析沉积环境中的应用［M］. 北京：地质出版社.

姜在兴，2003. 沉积学［M］. 北京：石油工业出版社.

蒋一鸣，2019. 西湖凹陷平湖斜坡带平湖组碎屑锆石 U-Pb 年龄及米兰科维奇旋回：对源—汇系统及沉积演化的约束［J］. 地质科技情报，38（6）：133-140.

解发川，郭川，董文玉，等，2011. 泸州古隆起地区嘉一——嘉二段台内滩演化分析［J］. 天然气技术与经济，5（6）：6-10.

井攀，徐芳艮，肖尧，等，2016. 川中南部地区上寒武统洗象池组沉积相及优质储层台内滩分布特征［J］. 东北石油大学学报，40（1）：40-50.

景成，蒲春生，俞保财，等，2016. GGY 油田特低渗透储层沉积微相测井多参数定量评价［J］. 测井技术，40（1）：65-71.

赖富强，孙建孟，于华伟，等，2009. 电成像测井资料在研究区北带砂砾岩体沉积相分析中的应用［J］. 石油天然气学报，31（5）：90-94，432.

李艳华，王红涛，王鸣川，等，2017. 基于 PCA 和 KNN 的碳酸盐岩沉积相测井自动识别［J］. 测井技术，41（1）：57-63.

刘爱疆，左烈，李景景，等，2013. 主成分分析法在碳酸盐岩岩性识别中的应用——以地区寒武系碳酸盐岩储层为例［J］. 石油与天然气地质，34（2）：192-196.

刘红歧，陈平，夏宏泉，2006. 测井沉积微相自动识别与应用［J］. 测井技术，30（3）：233-236.

刘毅，陆正元，吕晶，等，2017. 主成分分析法在泥页岩地层岩性识别中的应用［J］. 断块油气田，24（3）：360-363.

陆大卫，江国法，1998. 核磁共振测井理论与应用 . 北京：石油工业出版社 .

陆凤根，1988. 测井沉积学方法和应用概述［M］. 测井技术，12（3）：11.

罗利，王勇军，杨嘉，等，2014. T_2—D 二维核磁共振测井评价在气水识别中的初步应用 . 测井技术，38（5）：564-568.

马燕，陈小东，2018. FMI 成像测井技术与质量控制［J］. 石油管材与仪器，4（1）：76-79.

马正，1994. 油气测井地质学［M］. 北京：石油工业出版社 .

宁从前，周明顺，成捷，等，2021. 二维核磁共振测井在砂砾岩储层流体识别中的应用［J］. 岩性油气藏，33（1）：267-274.

皮尔森，1982. 测井资料地质分析［M］. 石油工业部石油勘探开发科学研究院情报室，译 . 北京：石油工业出版社 .

秦绪英，李福会，1996. 一种平滑滤波法在测井资料预处理中的应用［J］. 石油物探，（S1）：74-77.

石玉江，胡琮，孙小平，等，2019. 鄂尔多斯盆地奥陶系马家沟组马五 6 段沉积微相测井识别技术与应用［J］. 西北大学学报（自然科学版），49（5）：755-764.

唐宇，余迎，MaES01 C J，等，2018. 新型高分辨率油基钻井液双物理参数随钻成像测井仪［J］. 测井技术，（5）：596.

田双良，张立强，严一鸣，等，2020. 塔里木盆地塔中—顺北地区柯坪塔格组高分辨率旋回层序地层划分［J］. 天然气地球科学，31（10）：1466-1478.

万晓樵，王成善，吴怀春，等，2014. 从地层到地时［J］. 地学前缘，21（2）：1-7.

王贵文，郭荣坤，2000. 测井地质学［M］. 北京：石油工业出版社 .

王仁铎，1991. 利用测井曲线形态特征定量判别沉积相［J］. 地球科学，（3）：303-309.

王卫红，姜在兴，操应长，等，2003. 测井曲线识别层序边界的方法探讨［J］. 西南石油学院学报，25（3）：1-5.
王玉玺，田昌炳，高计县，等，2013. 常规测井资料定量解释碳酸盐岩微相——以伊拉克北 Rumaila 油田 Mishrif 组为例［J］. 石油学报，34（6）：1088-1099.
卫平生，2018. 世界典型碳酸盐岩油气田储层［M］. 北京：石油工业出版社 .
翁雪波，2017. 旋回地层学的地层划分方法［J］. 当代化工研究，（8）：57-58.
吴元燕，等，1996. 油气储层地质［M］. 北京：石油工业出版社 .
吴怀春，张世红，冯庆来，等，2011. 旋回地层学理论基础、研究进展和展望［J］. 地球科学—中国地质大学学报，36（3）：409-428.
吴志斌，2013. EMI 成像测井在张强凹陷强 1 块沉积相研究中的应用［J］. 中国石油和化工标准与质量，33（17）：185.
肖何，张超谟，苏向群，2020. 应用测井资料定量识别碳酸盐岩沉积微相——以川东北元坝地区长兴组为例［J］. 科学技术与工程，20（7）：2573-2582.
谢树棋，1999. 成像测井技术［J］. 江汉石油职工大学学报，12（4）：47-50.
熊林，赵发展，1997. EMI 微电阻率成像仪原理及在克拉玛依油田的应用［J］. 国外测井技术，（12）：71-75.
闫建平，言语，彭军，等，2017. 天文地层学与旋回地层学的关系、研究进展及其意义［J］. 岩性油气藏，29（1）：147-156.
杨玉卿，崔维平，王猛，2017. 成像测井沉积学研究进展与发展趋势［J］. 中国海上油气，29（3）：7-18.
虞云岩，卞从胜，2009. 沉积微相的定量化实现过程及研究方法［J］. 测井技术，33（4）：388-393.
张君龙，汪爱云，何香香，2016. 古城地区碳酸盐岩岩性及微相测井识别方法［J］. 石油钻探技术，44（3）：121-126.
斯伦贝谢公司，1995. 薄储层解释方法［M］. 张驿元，张曦，译 . 北京：石油工业出版社 .
赵光宇，2018. 沉积微相的定量识别方法［J］. 资源与产业，20（1）：28-33.
赵军，曹强，付宪弟，等，2018. 基于米兰科维奇天文旋回恢复地层剥蚀厚度——以松辽盆地 X 油田青山口组为例［J］. 石油实验地质，40（2）：260-267.
赵希刚，吴汉宁，王靖华，等，2004. 综合测井资料在研究油气藏沉积相中的应用——以川口油田长六油层组为例［J］. 地球物理学进展，（4）：918-923.
赵贤正，王权，淡伟宁，等，2017. 二连盆地白垩系地层岩性油藏的勘探发现及前景 . 岩性油气藏，29（2）：1-9.

赵忠军，刘烨，王凤琴，等，2016. 基于支持向量机的辫状河测井沉积微相识别［J］. 测井技术，40（5）：637-642.

Peter A Scholle，Dou G Bebout，Clyde H Moore，2015. 碳酸盐岩沉积环境［M］. 胡素云，汪泽成，徐兆辉，等译. 北京：石油工业出版社.

Allen D R，1975，Chapter 7 Identification of Sediments-Their Depositional Environment and Degree of Compaction—from Well Logs［J］. Developments in Sedimentology，18：349-401.

C Richard Liu，2017. Theory of Electromagnetic Well Logging［M］. Elsevier.

Christopher Torrence，Gilbert P Compo，1998. A Practical Guide to Wavelet Analysis［J］. Bulletin of the American Meteorological Society，79（1）：61-78.

Galloway W E，Hobday D K，1996. Terrigenous Clastic Depositional Sytems［M］. 2nd Ed. New York：Springer-Verlag.

Graham P. Weedon，2003. Time-Series Analysis and Cyclostratigraphy［M］. Cambridge University Press.

Hinnov L A，Ogg J G，2007. Cyelostratigraphy and the astronomical time scale［J］. Stratigraphy，4（2~3）：239-251.

Hua C，Ning L，Xiao C，et al，2009. Automatic discrimination of sedimentary facies and lithologies in reef-bank reservoirs using borehole image logs［J］. Applied Geophysics，6（1）：17-29.

Huaichun Wu，Shihong Zhang，Ganqing Jiang，et al，2013. Astrochronology of the Early Turonian-Early Campanian terrestrial succession in the Songliao Basin，northeastern China and its implication for long-period behavior of the Solar System［J］. Palaeogeography，Palaeoclimatology，Palaeoecology，385：55-70.

Hilgen F，Schwarzacher W，Strasser A，2004. Concepts and definitions in cyclostratigraphy（second report of the cyclostratigraphy working group）［J］. SEPM Special Pubication，（81）：303-305.

Linda A. Hinnov，2000. New Perspectives on Orbitally Forced Stratigraphy［J］. Auunal Review of Earth and Planetary Sciences，28（1）：419-475.

Lourens Lucas J，Hilgen Frederik J，Raffi Isabella，et al，1996. Early Pleistocene Chronology of the Vrica Section（Calabria，Italy）［J］. Paleoceanography，11（6）：797-812.

Mitchener B C，Lawrence D A，Partington M A，et al. 1992. Brent Group：sequence stratigraphy and regional implications［J］. Geological Society，London，Special Publications，61（1）：

45-80.

Mitchum Jr R M, 1977. Seismic stratigraphy and global changes of sea level, part 1: glossary of terms used in seismic stratigraphy. In: Payton, C. E., (Ed.), Seismic stratigraphy. Applications to hydrocarbon exploration [J]. American Association of Petroleum Geologist, Mem, 26: 205-212.

Schwarzacher W, 1975. Sedimentation Models and Quantitative Stratigraphy [M]. Elsevier Scientific Publishing.

Serra O, Abbott H T, 1982. The Contribution of Logging data to Sedimentology and Stratigraphy [J]. Society of Petroleum Engineers Journal, 1982, 22 (1): 117-131.

van Wagoner J C, Posamentier H W, et al, 1988. An over view of sequence stratigfraphy and key definitions [C]. In: Wilgus, C. K., Hastings, B. S., Kendall, C. G. St. C., et al (eds). Sea Level Changes—An Integrated Approach, Special Publication, 42: 39-45.

van Wagoner J C, Mitchum R M, Campion K M, et al, 1990. Siliciclastic Sequence Stratigraphy in Well Logs, Cores, and Outcrop [J]. AAPG Methods in Exploration on Series, 7.